# ACADÉMIE DE PARIS.

## FACULTÉ DES SCIENCES.

---

# THÈSES

SOUTENUES DEVANT LA FACULTÉ DE PARIS

POUR LE DOCTORAT ÈS-SCIENCES,

*Le    Juillet* 1841,

PAR

## H. COQUAND,

Licencié ès-sciences, professeur de géologie au Muséum d'Aix, membre de la
Société géologique de France, de l'Académie roya'e d'Aix, etc.

---

## PREMIÈRE PARTIE.

**Modifications éprouvées par les calcaires au contact
et au voisinage des rohces ignées.**

---

## DEUXIÈME PARTIE.

**Considérations sur les Aptychus.**

## PARIS.

IMPRIMERIE DE BOURGOGNE ET MARTINET,

RUE JACOB, 30.

1841.

S

# ACADÉMIE DE PARIS.

## FACULTÉ DES SCIENCES.

MM.

BIOT,
LACROIX,
FRANCOEUR,
GEOFFROY SAINT-HILAIRE,
MIRBEL,
POUILLET, } Professeurs.
PONCELET.
LIBRI,
STURM,
DUMAS,
DELAFOSSE,

DE BLAINVILLE,
CONSTANT PRÉVOST,
AUGUSTE SAINT-HILAIRE, } Professeurs-adjoints.
DESPRETZ,
BALARD,

LEFÉBURE DE FOURCY,
DUHAMEL,
MASSON, } Agrégés.
PELIGOT,
MILNE EDWARDS,
DE JUSSIEU,

# A M. RAME,

PRINCIPAL DU COLLÉGE D'ARLES.

# PREMIÈRE PARTIE.

*Modifications éprouvées par les calcaires au contact et au voisinage des roches ignées.*

La théorie du métamorphisme, bien qu'elle ait été préparée par les recherches de Hutton, n'a guère été introduite dans le domaine de la géologie que depuis les travaux importants de M. de Buch sur les dolomies des Alpes orientales. Les opinions hardies émises par l'illustre savant, attaquées d'abord avec violence par quelques géologues, non seulement d'autres les adoptèrent, mais encore ils en étendirent les conséquences à la formation de certaines roches qu'ils supposèrent avoir été soumises à des influences qui en modifièrent l'aspect et la structure. C'est ainsi qu'ils considérèrent une grande partie des gneiss et des schistes cristallins comme des sédiments argileux déposés au fond des mers à la manière des couches vaseuses, dans lesquels une chaleur énorme accompagnée d'émanations particulières avait provoqué la création de nouveaux corps et un arrangement moléculaire différent. Les calcaires saccaroïdes que l'on plaçait autrefois dans les terrains primitifs ne furent plus que des portions de couches fossilifères appartenant à divers âges géologiques, qui, sous la double influence de la pression et des réactions chimiques, devinrent cristallines et se remplirent de minéraux étrangers.

Ce nouveau point de vue, sous lequel on envisagea les phénomènes géologiques, amena une véritable révolution dans la science, dont l'horizon se trouva par là même agrandi. Alors s'écroula l'édifice élevé par Werner, et avec lui la distinction qu'il avait établie entre les terrains primitifs massifs et les terrains primitifs stratifiés. En effet, dès que l'on put être assuré d'une manière positive de l'existence de schistes micacés et de gneiss postérieurs à des couches fossilifères ; dès que M. Élie de Beaumont eut signalé des bélemnites des étages jurassiques au milieu de véritables micaschistes ; en un mot, dès que les calcaires *primitifs* eurent été rajeunis pour le plus grand nombre et rapportés à des formations secondaires, l'école métamorphique fit schisme avec les idées reçues jusque là, et ouvrit une carrière plus étendue aux investigations des savants. Mais les réformes ne s'opèrent jamais sans secousse, et bien que l'on ait apporté des masses d'observations pour justifier les innovations que l'on introduisait en géologie, il a paru trop audacieux à beaucoup d'esprits solides de renverser ainsi la classification de Werner, et des géologues estimables croient devoir s'opposer encore aux envahissements d'une doctrine qu'ils regardent comme dangereuse. Cette opposition aura du moins l'avantage de ne faire admettre qu'avec beaucoup de réserve les idées trop systématiques, et sous ce rapport elle servira utilement la science.

Toutefois, nous devons le proclamer, le métamorphisme a imprimé à beaucoup de questions que l'on croyait épuisées une vigueur nouvelle, et ouvert à la spéculation philosophique un champ vaste et inattendu. Les granites ont perdu la prérogative exclusive qu'ils avaient eue jusque là d'être primitifs, puisque, au lieu de constituer une formation dont la position se trouvait toujours limitée à la partie inférieure des terrains connus, ils embrassèrent une période géologique très longue, marquée par des épanchements successifs, et pendant laquelle une grande portion de couches sédimentaires eut le temps de se déposer au fond des mers. Les porphyres, à leur tour, furent déplacés des terrains de transition auxquels on les avait subordonnés, et de même qu'il fut constaté que certains granites vinrent au jour après l'établissement des formations secondaires, de même aussi la date des éruptions porphyriques se trouva comprise entre les terrains stratifiés inférieurs et les étages tertiaires.

Ces importants résultats, signalés par les faits particuliers qu'a-vait manifestés vers les points de contact l'introduction violente des masses ignées, au milieu des dépôts sédimentaires, ne furent pas les seuls dont on est redevable à la théorie du métamorphisme ; ils influèrent aussi d'une manière salutaire sur l'étude des filons, en démontrant les rapports intimes qui rattachaient l'époque et le mode de leur remplissage à l'apparition des produits plutoniques qui, à plusieurs reprises, ont fracturé l'écorce du globe. La chimie, cette science admirable, dont les brillantes découvertes ont répandu tant de lumières sur la partie minéralogique de la géologie, s'empara à son tour de cette grande question, et parvint dans les mains habiles de Mischerlitz et de Becquerel à reproduire une série de phénomènes et de compositions dont l'étude des montagnes signalait de si nombreux exemples. Dès lors la position anomale des gypses et des dolomies, ainsi que la présence de certaines substances minérales au sein des couches d'origine aqueuse, ne furent plus un problème insoluble; et le jour n'est pas éloigné peut-être où il sera donné à l'intelligence humaine de pénétrer les mystères dont la nature semble avoir enveloppé ses opérations. Du moins, c'est ce qu'on est en droit d'attendre des efforts soutenus des nombreux savants qui se livrent à l'étude des sciences expérimentales et du succès qui a déjà couronné leurs œuvres.

Comme il aurait été impossible dans un cadre limité de développer avec des détails suffisants toutes les questions qui se rattachent au métamorphisme général des roches, nous nous attacherons, ainsi que l'indique le titre de notre thèse, à apprécier les faits qui se rapportent aux modifications que les calcaires ont éprouvées sous l'influence des roches ignées; ce qui nous amènera à envisager la nature de ces modifications sous le double rapport des changements mécanique et chimique apportés dans leur texture et leur composition. Ces deux divisions principales seront l'objet de trois paragraphes distincts dans lesquels nous considérerons successivement les *calcaires saccaroïdes*, les *dolomies* et les *gypses*.

### § I. *Calcaires saccaroïdes.*

Il est peu de questions en géologie qui aient divisé les savants autant que le classement des calcaires saccaroïdes que l'on observe dans le voisinage des roches ignées. Les uns les ont envisagés comme subordonnés au granite, et par conséquent comme primitifs, tandis que d'autres, se fondant sur des considérations puissantes de rapport et de liaison avec des dépôts secondaires, les ont regardés comme des couches fossilifères dépendantes de ces mêmes dépôts et rendues cristallines par l'effet de la chaleur et de la pression. Il est même assez curieux, en consultant tous les sentiments qui ont été émis pour soutenir l'une ou l'autre de ces opinions, de constater le retour qui s'est opéré vers les idées de Buffon, qui dans son *Histoire naturelle des minéraux* s'exprime en ces termes : « Toutes les pierres calcaires ont été primitivement » formées au détriment des coquilles, des madrépores, des co-

» raux et de toutes les substances qui ont servi d'enveloppe et de
» domicile à ces animaux infiniment nombreux. »

Cette opinion, qui prévalut long-temps et qui fut adoptée par
Faujas, Four roy, Lavoisier et Valmont de Bomare comme un
principe incontestable, parce que toutes les montagnes calcaires
présentaient des vestiges de corps marins, fut attaquée par Picot-
Lapeyrouse dans son traité sur les *mines de fer du comté de Foix*.
Cet observateur annonçait en effet avec emphase qu'il avait re-
connu un terrain calcaire *primitif* indépendant dans les Pyrénées,
et que cette découverte rendait manifeste l'erreur dans laquelle
était tombé Buffon, lorsqu'il avançait que les roches calcaires
étaient dues au détritus des coquilles marines. Malheureusement
ses citations ne sont pas toujours bien choisies : il voyait partout
des calcaires primitifs, même dans ceux qui étaient mélangés de
cornéenne (1). Il avait pourtant remarqué que le mélange était
gradué, qu'il diminuait à mesure que les couches s'éloignaient
du point de contact et que leur centre en était ordinairement
exempt (2). Avec un peu plus de recherches, il aurait pu s'assurer
que la plupart des gisements qu'il énumérait renfermaient des
corps fossiles.

M. de Charpentier, qui possédait au fond la science des détails,
partagea non seulement cette manière de voir, mais encore il la
sanctionna en ajoutant ses propres observations à celles de Lapeyrouse et en admettant dans les Pyrénées trois formations distinctes de calcaire primitif, dont deux subordonnées au terrain
granitique et à celui de micaschiste et la troisième indépendante.
Dans son ouvrage sur la *Constitution géognostique des Pyrénées*, il
se livra à de longues considérations sur l'âge relatif de cette formation, et l'admit comme le troisième et dernier terme du terrain
primitif, dont, suivant lui, le granite, le micaschiste et le calcaire sont les principales roches. MM. de Humboldt et Brougniart,
le premier dans son *Essai sur le Gisement des roches dans les deux
hémisphères*, et le second dans son *Tableau des terrains de l'é-*

(1) Ophite de Palassou, dont l'âge est assez récent.

, M. de Charpentier avait aussi admis comme primitifs les grünsteins
qui reposaient au milieu des calcaires grenus : car à l'époque où ce savant écrivait, on pensait que les granites, les porphyres et les autres produits ignés avaient été précipités au fond des eaux en même temps que
les terrains dans lesquels on les trouve intercalés.

(2) Voy. son *Voyage au Mont-Perdu*, inséré dans le *Journal des Mines*.
— Vend. an vi.

*corce du globe*, confirment les conclusions de M. de Charpentier en considérant comme formation étendue et indépendante les calcaires grenus des Pyrénées.

Cependant, bien avant les travaux de ces derniers savants, un minéralogiste modeste autant que distingué, qui a laissé sur les Pyrénées des écrits fort remarquables que les idées nouvelles sont loin d'avoir affaiblis, l'abbé Palassou, établissait dans une longue série de recherches (1) qu'il n'existait pas de calcaires primitifs, et que ceux réputés tels alternaient avec des schistes et des calcaires fossilifères ou contenaient eux-mêmes des fossiles. La vallée d'Ossau lui avait surtout fourni de bons exemples de la présence de corps marins dans des calcaires grenus A Loubie, dit-il, les bancs de marbre blanc, marbre statuaire comme celui de Paros, reposent entre des ardoises ayant du côté du midi leur escarpement, comme si elles cherchaient à s'appuyer sur la montagne de granite primitif qu'on observe aux Eaux-Chaudes. Mais il est bien essentiel de remarquer que ces bandes ne reposent point d'une manière immédiate sur le granite en masse; car on trouve, dans une position intermédiaire, des bancs calcaires à cassure grenue dans lesquels on distingue quelques corps marins pétrifiés. Cette disposition n'est pas la seule preuve de la *formation secondaire* des bancs de marbre de Loubie, car si l'on suit dans leur direction ces bancs de pierres calcaires prétendues primitives, on y découvrira des pierres grises calcaires compactes, dont quelques unes contiennent des corps marins pétrifiés.

Cette observation, et nous aurions pu en citer beaucoup d'autres, avait de la portée, puisque M. de Charpentier, contradictoirement à ce qu'il avait exposé dans son ouvrage sur les caractères des calcaires primitifs dans les Pyrénées, convenait, dans une lettre adressée à Palassou (2), que, bien que le marbre de Loubie portât tous les caractères du calcaire primitif, il formait un ensemble avec toute la masse qui compose la partie inférieure de la vallée d'Ossau, qui renferme des pétrifications en abondance; qu'enfin il découvrit un bloc d'un beau marbre blanc parfaitement salin rempli de fossiles. « C'est donc une preuve incontesta- » ble, ajouta-t-il, que, dans les calcaires, ni la couleur ni la tex- » ture n'indiquent d'une manière sûre la formation à laquelle ils » appartiennent. »

Cette difficulté de séparer nettement et de pouvoir distinguer

---

(1) *Mémoires pour servir à l'histoire naturelle des Pyrénées.*
(2) *Idem.*

les calcaires primitifs des calcaires secondaires, rendit très circonspects les auteurs des traités modernes de géologie : aussi n'en parlent-ils qu'avec la plus grande réserve. Quelques uns cependant en reconnaissent dans les marbres blancs de Carrare (1) et des Pyrénées, tandis que d'autres, et c'est aujourd'hui le plus grand nombre, nient son existence, en invoquant à l'appui de leur opinion les expériences de Hall, et la transmutation en dolomie de calcaires compactes appartenant incontestablement à des formations récentes. M. Boué avance même qu'il ne serait pas étonné de voir les calcaires les plus récents et les plus grossiers transformés en calcaires saccaroïdes par l'influence des agents ignés (2). Les travaux de M. Dufrénoy dans les Pyrénées (3) et les exemples bien constatés de la superposition du granite au-dessus des terrains jurassiques, cités par M. Elie de Beaumont dans les Alpes (4), paraissaient avoir fait renoncer à l'ancienne idée des calcaires primitifs, lorsqu'à la suite d'une discussion qui s'éleva dans le sein de la Société géologique de France (5) sur l'âge des marbres de Saint-Béat, l'intervention de M. Reboul (6) tendit à faire admettre, d'après des alternances régulières de calcaire et de granite, qu'il existait des calcaires primitifs dans les Pyrénées. Nous prouverons bientôt que ces prétendues alternances dont l'Ariège nous a offert des exemples sont dues à une pénétration violente du granite dans les strates calcaires.

Nous aurions pu multiplier les opinions contradictoires des géologues sur cette question délicate; mais nous nous sommes contenté d'indiquer celles qui font autorité, pour ne pas nous jeter dans des digressions trop étendues; à présent, nous produirons une série de faits qui tendront à prouver : 1° qu'il n'existe pas de calcaires primitifs (7); 2° que la cristallinité des calcaires

(1) M. Lhéonard
(2) *Guide du géologue voyageur*, tom. II, p. 167.
(3) *Mémoires pour servir à une description géologique de la France.*
(4) *Idem.*
(5) *Bulletin de la Société géologique de France* de l'année 1836.
(6) *Écho du monde savant*, année 1836.
(7) Il est utile de faire observer qu'en repoussant l'existence des calcaires primitifs, nous sommes bien éloigné d'attaquer l'ancienneté des couches qui se trouvent subordonnées aux gneiss et aux micaschistes, et qui font essentiellement partie de ces terrains stratifiés inférieurs. Notre but est surtout de prouver que les marbres grenus, tels que ceux de Carrare, de Saint-Béat, etc. que l'on a considérés comme primitifs, ne constituent pas de formations indépendantes.

est un fait général lié aux éruptions des roches ignées de tous les âges.

Nous avons déjà vu que l'idée fondamentale adoptée par l'ancienne école sur l'antériorité des granites à toutes les autres roches, avait fait considérer comme primitifs les calcaires qui reposaient directement sur eux et ne contenaient aucun fossile ; mais les découvertes récentes, en rajeunissant l'âge des premiers, attaquèrent aussi implicitement celui des calcaires grenus qui leur étaient superposés, et les rejetèrent en définitive dans une période comparativement plus récente. C'est ainsi que MM. de Buch, Haussmann et Humboldt citèrent dans le nord de l'Europe et dans le Tyrol méridional des roches granitiques, non seulement postérieures à des couches fossilifères, mais encore intercalées dans celles-ci et en empâtant même des fragments. Ces calcaires étaient devenus grenus vers les points de contact sur une assez grande étendue, et portaient ainsi, dans cette altération accidentelle, les traces de l'action modificatrice du granite.

Si cette découverte inattendue contraria les idées reçues sur l'antiquité du granite, les observations bien plus importantes de M. de Beaumont dans les Alpes contribuèrent à opérer un démembrement bien plus considérable encore, en constatant dans le massif de l'Oisans l'existence des roches granitiques qui débordaient au-dessus des calcaires jurassiques dont elles modifièrent la structure en se modelant exactement sur les contours ondulés de leur surface. Les travaux postérieurs de MM. Hugi et Studer, qui, aux faits déjà connus, ajoutèrent de nouvelles preuves d'une semblable superposition, ne peuvent laisser aucun doute sur l'apparition des granites après la période jurassique dans la chaîne des Alpes. Sur les divers points indiqués, les calcaires sont devenus saccaroïdes dans le voisinage des masses plutoniques, et ils ne reprennent leurs caractères primitifs et leurs fossiles caractéristiques qu'à plusieurs mètres de distance. Les conclusions de M. de Beaumont sont remarquables en ce qu'elles prouvent que le granite, lorsqu'il s'est fait jour à la surface du sol et que la superposition s'est opérée, se trouvait encore dans un état de mollesse ou de refroidissement imparfait. Tout démontre donc qu'il doit être considéré comme une roche ignée dont l'émission est postérieure au terrain jurassique.

On soupçonna dès lors que tous les gisements de calcaires réputés primitifs appartenaient réellement à des formations récentes dont l'aspect originaire avait changé ou disparu complètement au contact des roches d'épanchement ; et cette présomption trouva une confirmation éclatante dans la découverte de corps marins faite par M. de Blainville, et depuis par d'autres géologues, dans des échantillons du fameux *marbre primitif de Carrare*. « Les surfaces » frustes de ces morceaux, dit l'auteur de l'Actinologie (1), » n'offraient aucune trace d'organisation, tandis que celles qui » avaient été polies montraient, sous un certain aspect, une dis- » position stelliforme, provenant évidemment des loges d'Astrées. » Il est bien prouvé aujourd'hui que les marbres statuaires de Carrare passent insensiblement à des calcaires compactes remplis de fossiles marins appartenant peut-être à des étages crétacés, et qu'ils offrent une des plus belles démonstrations des modifications que les calcaires peuvent éprouver.

Après des résultats aussi concluants, l'attention des géologues se porta naturellement vers l'examen de ces puissantes masses de calcaires saccaroïdes qui, dans les Pyrénées, se rencontrent presque sans interruption à la limite des formations secondaires depuis Perpignan jusqu'à Bayonne, et leurs rapports géognostiques ne pouvaient échapper à un observateur aussi habile que M. Dufrénoy. Saint-Martin de Fenouillet lui présenta des masses granitoïdes intercalées dans des couches calcaires où elles s'étaient nécessairement introduites sous forme de filons : des altérations très prononcées se manifestaient vers les points de contact, les calcaires étaient changés en marbre et en dolomies. Or, ces calcaires ainsi modifiés appartenaient incontestablement à des étages crétacés qui, en dehors de la masse ignée, devenaient compactes et fossilifères. Des circonstances particulières qui pendant quatre années consécutives nous ont fixé dans les Pyrénées, nous ont permis d'étudier avec beaucoup de détails la position relative de ces calcaires avec le granite, et nous avons été à même de reconnaître non seulement l'exactitude des faits avancés par M. Dufrénoy, mais encore de découvrir des fossiles intercalés au milieu de ces calcaires grenus proclamés primitifs par M. de Charpentier et tous les géologues qui, comme lui, ont cru à leur existence. Nous citerons principalement deux localités : Lacus dans le haut de la vallée du Ger, et Cazaunous entre Saint-Béat et Couledoux, où les corps marins reposent même dans des calcaires grenus, remplis de couzéranites, de dipyres et d'autres minéraux cristallisés. A Lacus, les calcaires de la formation jurassique viennent s'appuyer directement sur un granite qui paraît au jour près du pont de la Hennemorte, et prennent au contact la structure saccaroïde.

(1) Manuel d'*actinologie*, pag. 105.

En étudiant avec attention sur l'escarpement pratiqué par les eaux du torrent les progrès de la transmutation que présente la même couche, à mesure qu'elle se rapproche de la roche ignée, on observe d'abord qu'un calcaire compacte, noir, pétri de fossiles et de coraux, dont le test se détache en dessins blancs, passe insensiblement à un calcaire fétide, très grenu, qui montre encore quelques uns de ces coraux, et qu'il finit ensuite par constituer un calciphyre, où les couzéranites se trouvent mélangées avec ces mêmes corps marins, mais à peine reconnaissables. Dans les points intermédiaires, le calcaire n'a éprouvé de changement que dans sa structure, et cette modification a également atteint le test des coraux, qui de compacte qu'il était est devenu cristallin et lamellaire (1). Comme on le voit par cet exemple, on peut recueillir dans une même couche, à quelques mètres de distance, des échantillons qui seraient à la fois et *calcaires primitifs* et *calcaires secondaires*.

Les fossiles trouvés à Cazaunous se présentent dans une position différente, mais tout aussi démonstrative du peu d'ancienneté de la formation qui les renferme. Dans les Pyrénées, les calcaires secondaires alternent avec des schistes argileux noirâtres très feuilletés qui résistent plus que les premiers aux influences modificatrices, de sorte qu'il n'est pas rare d'observer les calcaires totalement métamorphosés, tandis que les schistes conservent à peu près leurs caractères ordinaires. Il y a toutefois exception, lorsque la roche est trop voisine du granite, car elle passe alors à un schiste siliceux très dur ou à une véritable lydienne (2). Cette

_____

(1) Les échantillons désignés sous les numéros 1, 2 et 3 que nous avons recueillis à Lacus, indiquent très bien les divers états que nous venons de signaler dans le calcaire.

(2) La conversion de ces schistes argileux en schistes siliceux présente aussi des particularités fort curieuses suivant les divers degrés de modification auxquels ils ont été soumis. Dans leur état naturel, ces roches sont généralement noires et feuilletées et se délitent facilement à l'air ; mais quand elles ont éprouvé un commencement de durcissement, elles peuvent être exploitées comme ardoises. Les plus belles carrières sont ouvertes dans le lias et dans les schistes de grès vert, comme dans la Vallongue et au pont de Seix. Enfin, dans le voisinage et au contact du granite, elles changent totalement d'aspect, et on n'aperçoit plus que difficilement leur structure schisteuse primitive ; on dirait que les éléments, à la suite d'une espèce de fusion, ont constitué une autre espèce de roche. A Angoumer, les couches qui alternent avec le calcaire saccaroïde sont remplies, dans le voisinage du granite, de dipyres et de cris-

circonstance explique très bien l'absence ou la rareté des fossiles dans les bancs calcaires et leur présence dans les schistes. Or, c'est justement au milieu de ces marnes, qui, au-dessus de Cazaunous, alternent en couches très minces avec des calcaires grenus, pétris de couzéranites, que nous avons découvert une *ammonite* encore reconnaissable. Avec des recherches minutieuses, nous sommes parvenu à retrouver des débris marins dans les contrées qui, comme à Sarrancolin, au col d'Aulus et ailleurs, offraient les gisements les mieux caractérisés de calcaire saccaroïde. Mais si, malgré le nombre de faits que nous venons de signaler, il pouvait exister encore des doutes sur le peu d'ancienneté du granite dans les Pyrénées, nous renverrions pour les dissiper à la coupe naturelle que présentent les bords du Ger au-dessous de Couledoux, où l'on voit une succession admirable de calcaires modifiés et de calcaires fossilifères séparés par des bancs de schistes plus ou moins altérés; et si on était tenté de regarder comme primitifs les

---

taux de fer sulfuré. M. de Charpentier, qui avait eu occasion d'observer des ammonites dans les gisements de Vallongue, les avait classés, ainsi que les calcaires alternants, dans son terrain de transition, bien que les caractères minéralogiques des marbres, leur position sur le granite et l'abondance des minéraux cristallisés eussent dû le porter à les placer dans ses terrains primitifs, ainsi qu'il l'avait fait pour des contrées tout-à-fait semblables et dans lesquelles seulement il n'avait pas rencontré des fossiles.

Les échantillons désignés par les n°⁵ 4, 5, 6 et 7, indiquent l'échelle de ces modifications depuis l'état naturel du schiste jusqu'à son passage au schiste siliceux. Bien que ces roches paraissent, à la simple vue, se rapporter à des types différents, elles n'offrent cependant pas de différences sensibles dans leur composition, comme on peut s'en assurer par les analyses suivantes :

| | N° 1 | N° 2 | N° 3 | N° 4 |
|---|---|---|---|---|
| Eau et matières bitumineuses... | 0,082 | 0,029 | 0.028 | 0,066 |
| Carbonate de chaux.......... | 0,048 | 0.008 | 0,006 | 0,006 |
| Silice...................... | 0,500 | 0,509 | 0,607 | 0,505 |
| Alumine.................... | 0,215 | 0,240 | 0,165 | 0,220 |
| Protoxide de fer............ | 0,095 | 0,091 | 0,107 | 0,106 |
| Chaux..................... | 0,048 | 0,105 | 0,069 | 0,072 |
| Magnésie.................. | 0,022 | 0,017 | 0,014 | 0,019 |
| | 0,998 | 0,999 | 0,998 | 0,994 |

Le n° 1 est un schiste argileux non modifié : le n° 2 passage du schiste argileux au schiste siliceux ; n° 3 schiste siliceux : n° 4 schiste à dipyres. Le numéro 2 est remarquable en ce que d'un côté sa cassure est conchoïde et que de l'autre il montre encore sa structure feuilletée.

marbres qui renferment des couzéranites, du soufre, de l'épidote, du dipyre et des pyrites, nous ferions observer que les plus beaux échantillons de couzéranite et de dipyre se récoltent à Lacus, à Angoumer et à Cazaunous, c'est-à-dire dans les mêmes couches qui récèlent des Ammonites, des Pentacrinites et des Polypiers.

Qu'il nous soit permis de terminer ce que nous avions à dire sur les altérations produites par le granite sur des calcaires grossiers, par une dernière citation sur la disposition remarquable que présentent ces deux roches dans la vallée de l'Ariége. Au-dessus d'Aurignac, entre Foix et Tarascon, le granite, profitant de la moindre résistance des joints de stratification, a pénétré entre des couches du terrain crétacé, et alterne avec elles à plusieurs reprises sur une assez grande longueur ; mais en suivant avec attention la direction de ces filons, il n'est pas difficile de saisir les relations qui existent entre ces bandes de granite injectées latéralement et la masse principale, qui, en venant s'établir à la surface, a coupé les couches du terrain calcaire et a poussé au milieu d'elles des ramifications nombreuses. M. Dufrénoy a cité à Saint-Martin de Fenouillet une disposition semblable, et dans ces deux exemples, le parallélisme des strates calcaires et du granite s'oppose à la supposition d'un dépôt sédimentaire dans les anfractuosités du granite, tandis que l'apparition de cette roche postérieurement à la formation crétacée et son épanchement entre plusieurs couches expliquent d'une manière naturelle les circonstances d'une pareille intercalation. Évidemment, dans les deux localités que nous citons, la granite s'est comporté comme le trapp dans les îles occidentales de l'Écosse, où Mac-Culloch a signalé des exemples si bizarres de filons-couches de cette roche au milieu des terrains stratifiés.

Si à toutes les modifications que nous venons de constater nous ajoutons celles que MM Boblaye et Virlet ont rapportées dans leur ouvrage sur la Morée, on sera peut-être étonné de voir que les gisements les plus remarquables des marbres regardés comme primitifs appartiennent réellement à des formations récentes. Cependant les altérations produites sur les calcaires par les dépôts de porphyre, de trapp, de trachyte et de basalte auraient dû donner la mesure de l'énergie avec laquelle des masses aussi puissantes que le granite durent exercer leur action modificatrice sur les terrains soumis à leur influence : elles auraient dû démontrer aussi que l'échelle des transformations devait être graduée sur la puissance de la cause employée. En effet, personne n'a soutenu que les salbandes de calcaire saccaroïde, que M. Dufrénoy a observées dans la France centrale, au contact d'un dyke de basalte, et celles que M. Sedgwich a citées dans la vallée de la Tess associées à des filons de trapp, dussent leur origine à une précipitation particulière : il a été bien prouvé que le changement apporté dans la texture n'était que le résultat des effets produits par la chaleur qui accompagnait l'éruption des masses ignées. Dans les Pyrénées, les Ophites occupent des centres de dislocation autour desquels les calcaires secondaires convergent et deviennent cristallins au contact ; les serpentines, dans les Alpes, présentent les mêmes particularités ; et le Vésuve, aujourd'hui même, lance des fragments de calcaire saccaroïde pénétrés de minéraux, bien qu'une pareille roche n'existe pas dans les montagnes où se manifeste l'action volcanique.

Ainsi, nous devons regarder comme un fait général lié aux éruptions plutoniques de toutes les époques la transmutation des calcaires compactes en calcaires saccaroïdes ; et dans l'état actuel de nos connaissances, il n'est plus permis de se servir de la texture comme moyen de reconnaître leur âge, et encore moins de leur assigner, d'après la valeur de ce seul caractère, une position déterminée dans la série des formations sédimentaires.

D'après ce que l'observation a pu nous apprendre sur l'origine plutonique des granites, des porphyres et des basaltes, ainsi que sur la température élevée qui devait tenir en fusion les différents produits de chaque irruption, nous sommes amené à attribuer la cristallinité des calcaires à la double action de la pression et de la chaleur à laquelle ils durent être soumis. Les effets de la pression sont rendus manifestes par la suppression de stratification que l'on observe souvent dans les gisements de marbres et par la différence de densité qui existe entre les calcaires grenus et les calcaires compactes, dont ils sont une dépendance, comme on pourra en juger par les expériences auxquelles nous nous sommes livré, et dont nous donnerons ici le résultat :

1. Calcaire fossifère de Saint-Béat. 2,67
2. — de Coldret . . . 2,66
3. — de Mauléon. . . 2,64
4. — de St.-Martin . 2,66
5. — de Rougiers... 2,65

1. Calcaire saccaroïde de Saint-Béat. 2,71
2. — de l'étang de Lherz . 2,69
3. — de Sost . . . , . . . . . 2,72
4. — de Mendionde. . . . . 2,70
5. — de Rougiers. . . . . . 2,75

— 17 —

Les schistes siliceux et les ardoises qui alternent avec ces mêmes calcaires nous ont présenté des différences correspondantes :

1. Ardoises de Saint-Lary............ 2,59
2. Schiste argileux de Lacus.... 2,61
3. — à Pentacrinites de Couledoux. 2,60
4. — du Coldret............... 2.60

1. Schiste siliceux du pont de la Taule.... 2,64
2. — de Lacus............. 2.70
3. — de Cazaunous......... 2,63
4. — du Coldret.......... 2,64

Les échantillons qui ont servi à nos expériences, et dont l'indication de localité figure avec le même chiffre, ont été recueillis dans les mêmes gisements, et peuvent être considérés comme appartenant à une même série de couches.

Les effets produits par la chaleur, qui a dû pénétrer autrefois les calcaires et contribuer à les rendre cristallins, sont attestés par la blancheur même de ces calcaires et les minéraux accidentels qui y ont été introduits par voie de sublimation. En effet, il nous paraît hors de doute que les marbres ne doivent leur éclat à la volatilisation des parties bitumineuses qui souillent généralement les couches secondaires dont ils proviennent, et que la chaleur a très souvent converties en paillettes très brillantes de graphite, comme on peut s'en assurer à Saint-Béat et à Mendionde ; et il est à remarquer que les traînées de ce minéral suivent de préférence le sens des points de stratification. Nous imitons jusqu'à un certain point les opérations que nous attribuons à la nature, lorsqu'en soumettant à une température convenable des calcaires ou des ardoises nous parvenons à en expulser le principe colorant, et à convertir l'oxide de fer qu'ils contiennent en cristaux de fer oligiste. On sait aussi que les scories des hauts-fourneaux présentent également des nids de graphite. Ne serons-nous donc pas fondé, d'après l'autorité de ces faits bien constatés, à supposer que l'influence des roches ignées, dans le voisinage desquelles on observe les calcaires grenus, a donné à leurs molécules la faculté de jouir d'un certain mouvement les unes par rapport aux autres en se groupant de manière à constituer un corps d'un aspect différent ? À l'appui de cette hypothèse, nous invoquerons les belles expériences de Hall, qui, en reproduisant les circonstances sous lesquelles nous supposons que les marbres ont été placés, est parvenu à changer de la craie pulvérulente en calcaire cristallin. Il y a certainement bien loin d'une pareille

2

transmutation à celle qui a converti la texture de montagnes entières ; mais il ne faut jamais perdre de vue la limite des moyens qui sont en notre pouvoir. Sans doute, lorsqu'il s'agit de suppositions géologiques, on a rarement occasion de comparer des effets d'un même degré d'intensité ; mais si la disproportion dans les termes de comparaison provoque quelquefois de l'hésitation dans le jugement, l'examen rigoureux des faits modifie singulièrement la logique empruntée aux simples expériences des laboratoires.

On pourrait objecter à la théorie de Hall que le degré de chaleur nécessaire pour opérer un pareil changement aurait dû expulser l'acide carbonique des pierres calcaires et les convertir en chaux pure. Nous répondrions à cela qu'il résulte des observations de cet habile chimiste qu'il suffit, pour en empêcher la décomposition, qu'elles soient soumises à une pression qu'il évalue au poids d'une colonne d'eau de 1,700 pieds. Ne sait-on pas aussi que le Vésuve rejette souvent des pierres calcaires dont les éléments constitutifs n'ont subi aucune altération, et que dans nos fours à chaux, si on n'a la précaution d'établir un courant d'air au-dessus de leurs orifices, l'expulsion complète de l'acide carbonique présente quelque difficulté, et que même des fragments de pierres calcaires demeurent intacts, bien qu'ils aient été exposés à une très haute température ? L'explication du savant Écossais, quelque naturelle qu'elle soit, a trouvé des contradicteurs dans plusieurs géologues. M. Léonhard, dont l'opinion est d'une grande autorité, et après lui MM. Guidoni, Savi et Rozet, se fondant sur l'absence de stratification et de fossiles dans quelques gisements de calcaire grenu, ont écrit que le *calcaire primitif* et certaines dolomies étaient arrivés au jour dans un état complet de fluidité ; qu'à Auerbach et dans le golfe de la Spezzia, ils s'étaient intercalés dans le gneiss sous forme de puissants filons, ou qu'ils avaient percé les terrains schisteux sur lesquels ils avaient débordé. S'il n'était prouvé que des fossiles ont été recueillis dans les localités citées par ces observateurs, on pourrait leur répondre que l'absence de stratification constitue un caractère de peu de valeur, d'abord parce qu'il n'est pas constant, ensuite parce que, d'après la théorie de Hall, la pression exercée sur les masses soulevantes a tendu nécessairement à faire disparaître les lignes de séparation des couches. C'est ce qu'on observe très bien dans les Pyrénées, où quelquefois les calcaires grenus, surtout dans les carrières exploitées, composent des bancs d'une épaisseur énorme, mais le plus souvent se présentent aussi sous la forme de couches peu épaisses et distinctes, alternant ensemble ou séparées par des schistes argileux et quelquefois par des grès passés à l'état de quarzite, comme nous l'avons remarqué à Saint-Lizier d'Ustou. La fluidité du calcaire ne nous paraît pas admissible, car rien dans les éruptions actuelles n'autorise une pareille supposition. D'un autre côté, les produits ignés de tous les âges présentent une composition presque semblable, et le passage d'une roche à l'autre s'opère au moyen de transitions si ménagées, que des éruptions particulières de calcaire pur, sans mélange de silicates, provenant du même réservoir d'où sont sortis les granites, les porphyres, les basaltes, et d'où sortent aujourd'hui les laves, établiraient une anomalie inexplicable et attaqueraient la théorie si simple, si admirable de la fluidité primitive du globe, qui nous montre encore son noyau composé de substantes de même nature à l'état de fusion ; théorie qui se trouve confirmée par tant de faits, et surtout par l'identité des matières rejetées par les volcans et les anciennes bouches ignivomes sur tous les points du sphéroïde terrestre. L'explication que nous avons adoptée échappe à toutes ces objections, et de plus elle est en harmonie avec tous les phénomènes observés.

Après avoir cherché à prouver par tout ce qui précède que les calcaires saccaroïdes sont dus à l'influence des roches plutoniques, embrassons dans quelques considérations les minéraux accidentels qu'ils renferment, et nous nous assurerons que ces nouveaux corps participent généralement des propriétés des éléments contenus dans les produits modificateurs. Pour procéder avec méthode, nous les étudierons successivement dans les calcaires en contact des roches granitiques, porphyriques et volcaniques, et nous nous efforcerons de déduire des phénomènes signalés une théorie qui puisse les expliquer.

Dans les Pyrénées, la modification d'une grande partie des calcaires se lie à l'apparition des roches granitoïdes qui, depuis Perpignan jusqu'à Bayonne, se sont fait jour vers les limites des formations secondaire et silurienne. Comme elles admettent au nombre de leurs éléments constitutifs le mica, le talc et l'amphibole, leur composition ne présente rien de fixe ; mais elle oscille entre celle du granite, de la protogyne et de la syénite. Ces variations, rendues évidentes par l'inspection des terrains, sont aussi décelées par les minéraux logés dans les couches calcaires. Dans la vallée de la Garonne, il existe deux dépôts de roches massives, une granitique, qui occupe le centre du cirque dans lequel viennent se joindre les rivières d'Arran et de la Pique, et l'autre syénitique, qui s'est développée à l'E. du village d'Eup, vers le col qui conduit à la vallée du Ger. A Pouzac, au contraire, et à Arnave, la protogyne est la roche dominante des éruptions granitiques. Sur ces divers points, les calcaires sont devenus saccaroïdes, et se sont chargés de cristaux de mica, d'amphibole et de talc, sans que ces substances pourtant se rencontrent mélangées ensemble : on observe au contraire qu'elles semblent s'exclure mutuellement; que le mica provient des dépôts de granite, tandis que l'amphibole et le talc émanent des dépôts de syénite et de protogyne. Il en est de même pour les micaschistes, les schistes amphiboleux et les talcschistes, qui généralement paraissent obéir dans leur distribution à une subordination analogue. L'exemple que nous avons cité près d'Aurignac de l'intercallation du granite sous forme de filons-couches au milieu du calcaire modifié, présente un accident remarquable, et qui donne du poids à la proposition que nous formulons. Le granite en effet, d'après un mode particulier de refroidissement peut-être, se montre dans un de ces filons avec la véritable composition du granite, tandis que dans un autre il se charge d'amphibole et passe à la syénite : le calcaire immédiatement superposé suit une variation correspondante, et devient micacifère dans le premier cas, et *hémithrène* dans l'autre. Nous aurions pu multiplier à l'infini nos citations pour la chaîne des Pyrénées, où le phénomène que nous signalons se reproduit avec constance : mais il suffit d'avoir émis le principe.

Les Alpes françaises offrent de mêmes sujets de comparaison. On sait que les schistes talqueux constituent en grande partie les montagnes de l'Oisans, et que la protogyne est la roche d'éruption dans cette contrée. Cependant entre Séchilienne et Riou-Péron l'on trouve intercalée au milieu de ces talcschistes une variété très nombreuse de roches amphiboliques et diallagiques auxquelles il serait difficile d'assigner des caractères constants ; car on observe le passage le mieux ménagé d'une véritable euphotide à feldspath grenu et à diallage laminaire à un schiste talqueux ordinaire : seulement elles conservent toutes en grand la structure schistoïde, et sont engagées par nids et par couches interrompues dans la masse générale des talcschistes. Si l'on admet, d'après les idées reçues sur le métamorphisme, que la protogyne est l'agent modificateur dans cette partie des Alpes, on ne sera pas étonné de l'association de ces divers éléments, mais on verra au contraire dans cette confusion de l'amphibole, du talc et de la diallage la confirmation des idées émises par M. Rose, qui pense que tous ces minéraux ne sont que des variétés d'une même espèce, dont la cristallisation se serait effectuée dans des circonstances différentes de refroidissement. L'euphotide de Corse, avec smaragdite verte, comme nous avons pu nous en assurer dans les environs de Bastia, n'est autre chose qu'un schiste talqueux pénétré de diallage au contact de la protogyne. On voit encore par ces deux exemples qu'il existe la plus grande analogie entre la nature de la roche modifiante et les nouveaux principes introduits dans la roche modifiée.

Le département du Var, qui peut être considéré comme une contrée classique pour l'étude des terrains pyrogènes, offre dans le développement des schistes cristallins une série de produits très variés, dans lesquels on observe tous les passages qui conduisent des schistes argileux aux gneiss et aux leptinites. Au-dessus de Collobrières, quelques couches calcaires subordonnées à ce système alternent avec une roche particulière jusqu'ici inconnue en Europe (*sidérochriste*), assez analogue à un micaschiste dont le mica aurait été remplacé par du fer oligiste : vers les points de contact, les calcaires sont aussi pénétrés de paillettes brillantes de cette substance. Évidemment, dans ce cas l'oxide de fer n'a pu être chassé dans les schistes que par l'effet d'une sublimation dont le granite qui se montre dans le voisinage a été la cause déterminante. Toutefois cette association, bien qu'elle soit extraordinaire, paraît moins étonnante encore que la silicification de roches calcaires que l'on observe dans les environs de Colmar, et qui démontre l'influence des émanations ignées. Un banc de muschelkalk a été tellement pénétré de silice au contact du granite, roche dans laquelle cette substance domine, que les fossiles caractéristiques de cette formation ont été non seulement convertis en quarz, mais encore leur intérieur a été tapissé de cristaux de chaux fluatée, de galène et de barytine. Il est impossible d'admettre que ces animaux aient pu subsister dans un liquide qui tenait en dissolution de pareilles substances, puisque en dehors du granite les mêmes fossiles se trouvent empâtés dans un calcaire pur : ou bien il faudrait convenir qu'une même couche aurait été le résultat d'une double précipitation de carbonate de chaux et de silice, qui se seraient isolés, et se seraient ainsi portés à deux extrémités opposées. Nous devons voir dans cet accident local un échange de principes qui s'est effectué par un déplacement moléculaire provoqué à la suite de courants électro-chimiques.

Si de l'examen des roches granitiques nous passons à celui des roches porphyriques, nous constaterons des phénomènes analogues qui auront aussi amené l'introduction d'éléments nouveaux dans les couches modifiées, et nous constaterons en même temps que ces éléments varient suivant la nature minéralogique des porphyres Les porphyres rouges, dont l'éruption se trouve liée ordinairement au remplissage des filons métallifères, ont exercé sur les calcaires et les schistes qu'ils ont traversés une feldspathification qui leur a donné une structure porphyroïde, en les remplissant de cristaux d'orthose. Nous citerons comme exemple de ce genre de modification les environs de Vairé, dans la Vendée, où les phyllades dans le voisinage d'un porphyre quarzifère renferment de nombreux cristaux de quarz et de feldspath, autour desquels se replient les feuillets schisteux de la roche. A quelque distance de la masse ignée, les schistes argileux reprennent leur aspect originaire, et ne présentent plus la moindre trace de ces cristaux. M Fournet, qui a signalé un fait de cette nature dans les environs de Saint-Bel, a pu imiter exactement l'opération qui s'est accomplie dans cette espèce de cimentation en fondant du sel marin avec des fragments d'ardoise. Il a remarqué après le refroidissement, entre les feuillets contournés du schiste, des cristaux de chlorure de sodium, dont les facettes se distinguaient nettement, comme les lamelles feldspathiques dans les échantillons naturels.

Les lherzolites, porphyres entièrement pyroxéniques et particuliers à la chaîne des Pyrénées, ont rempli les calcaires à travers lesquels ils se sont fait jour, de cristaux de pyroxène, de talc et d'amphibole. Les environs de Castillon (Ariége) montrent très bien les accidents de cette modification intéressante. Mais il existe peu de roches qui aient donné naissance à de pareilles intrusions avec autant d'énergie que les spilites et les serpentines. Bien que les roches connues sous la dénomination générale de spilite puissent, à cause de leur composition pyroxénique, être assimilées aux mélaphyres et que leur action sur les calcaires ait dû engendrer les mêmes effets, nous mentionnerons cependant quelques observations que nous avons faites dans les Alpes, et qui confirment ce que nous avons déjà exposé sur le départ d'une partie des éléments renfermés dans la roche modifiante et leur introduction dans la roche modifiée. Tout le monde connaît la variété de spilite décrite sous le nom de variolite du Drac et que l'on recueille assez abondamment dans les galets de cette rivière. Son lieu de provenance, bien qu'on en reconnaisse plusieurs gisements, se trouve principalement dans le haut de la vallée de la

Romanche au-dessus du bourg de Villars d'Arène. Là, la spilite s'est fait jour à travers les schistes talqueux qui constituent le massif de l'Oisans : dans son voisinage, les schistes ont été remplis, jusqu'à une certaine profondeur, d'amygdales calcaires que l'on observe dans le porphyre pyroxénique, et qui tendraient à les faire considérer comme une véritable spilite, si leur structure feuilletée, leur composition minéralogique et leur stratification ne dévoilaient leur origine. A quelques mètres du centre d'éruption, les talchistes reprennent leurs caractères ordinaires et se dépouillent du principe accidentel dont nous avons signalé l'existence vers les points de contact. Un accident analogue se reproduit au gisement de spilite que l'on rencontre dans les montagnes de La Gardette, à deux kilomètres du bourg d'Oisans, avec cette différence que dans cette localité les couches traversées appartiennent au lias, et que ce sont les calcaires de cette formation qui, vers les points rapprochés du dyke plutonique, contiennent les mêmes amygdales de carbonate de chaux que l'on observe en si grande abondance dans la spilite.

L'enchevêtrement de la serpentine et du calcaire dans les ophicalces est encore un bon exemple de la pénétration mutuelle des divers éléments des deux roches. Il est cependant essentiel d'établir une distinction entre la substance compacte verte qui forme un des éléments de ces marbres, et les petites veines fibreuses qui se ramifient dans leur intérieur. La première est une véritable serpentine composée des mêmes principes que dans la masse ignée, tandis que l'analyse de la substance verte dont les veines sont formées la rapproche d'une espèce de talc ou mieux d'une arbeste pyroxénique dont le protoxide de fer serait remplacé par de la magnésie, comme on peut en juger par l'essai que nous avons fait sur un échantillon de Maurin :

| | |
|---|---|
| Silice............ | 60,50 |
| Magnésie......... | 32,00 |
| Oxide de fer..... | 1,25 |
| Alumine......... | 2,65 |
| Chaux.......... | 2,05 |
| Perte et eau..... | 1,55 |
| | 100,00 |

Cette arbeste est ici formée par épigénie et provient de la décomposition des silicates magnésiens, comme cela se reproduit dans toutes les roches qui renferment abondamment de la magnésie, et notamment dans les serpentines de la Molle (Var), où des filons asbestoïdes tapissent les fissures que le retrait a provoquées dans les masses. On observe aussi dans les mêmes circonstances l'asbeste cotonneuse au milieu des schistes talqueux de l'Oisans et des syénites de Labassère (Pyrénées) (1).

Il nous reste à prouver à présent que les ophicalces sont des roches métamorphiques dont l'âge date de l'apparition des serpentines. Dans la vallée de Maurin (Basses-Alpes), l'ensemble des formations stratifiées que l'on traverse est interrompu de distance en distance par des amas très puissants de serpentine et d'eupho-

(1) Nous avons eu l'occasion d'observer, dans les lherzolites des Pyrénées, des exemples d'épigénie qui s'accomplissait pour ainsi dire sous nos yeux, et qu'il nous a été facile de reproduire. A Arguénos, les pyroxènes en roche se laissent entamer avec la plus grande facilité par les agents atmosphériques, au point de se convertir à une assez grande profondeur en arènes pyroxéniques que les eaux entraînent et entassent ensuite dans les lits des torrents. Ces terres meubles et incohérentes renferment des nids d'asbeste blanche et cotonneuse qui viennent pour ainsi dire s'effleurir à la surface et forment des ramifications dans leur intérieur. En tenant exposées à une humidité convenable des amas de ces arènes, nous sommes parvenu à obtenir dans le cabinet la formation de cette substance minérale, que nous avons trouvée composée ainsi qu'il suit :

| | |
|---|---|
| Silice......... | 58,5 |
| Chaux........ | 16.2 |
| Alumine...... | 3,4 |
| Magnésie...... | 12,7 |
| Oxide de fer... | 3,5 |
| Eau et perte... | 5.7 |
| | 100,0 |

La lherzolite est composée, d'après Vogel, ainsi qu'il suit :

| | |
|---|---|
| Silice.......... | 45 |
| Alumine....... | 1 |
| Chaux........ | 19.50 |
| Magnésie....... | 16 |
| Oxide de fer.... | 12 |
| Oxide de chrome. | »,50 |
| Perte.......... | 6 |
| | 100,00 |

D'après la comparaison de ces deux analyses, le pyroxène asbestiforme aurait perdu une partie de la chaux et de l'oxide de fer que la lherzolite contenait primitivement. Sa structure capillaire, comme celle que l'on

tide. A un kilomètre environ du village de ce nom, dans la direction du mont Viso, une roche serpentineuse occupe sous la
forme d'une vaste calotte sphérique un centre de dislocation vers
lequel les couches calcaires se redressent circulairement. Aux
points de contact, la fusion est si intime qu'on ne sait laquelle des
deux prédomine; mais à quelque distance les calcaires commen-
cent à s'isoler, et les serpentines ne forment plus au milieu d'eux
que quelques veines qui plus loin finissent par disparaître entièrement. La couleur verte qui persiste encore quelque temps annonce seule les limites de la modification à laquelle les couches
ont été soumises. Cette disposition remarquable se reproduit avec
la même uniformité sur les deux flancs de la vallée, de sorte que
l'œil peut très bien saisir les relations du calcaire métamorphosé
au milieu des couches qui sont restées intactes, parce qu'elles
sont annoncées de loin par une longue traînée verte qui dessine
comme un vaste croissant dont le centre serait enchâssé dans la
serpentine.

Les altérations produites par les basaltes, surtout au contact
des dykes, ne sont pas moins curieuses : nous n'en citerons qu'un
exemple. A Rougiers, dans le département du Var, le muschelkalk a été traversé par un dépôt de basalte péridotifère : les calcaires dans le voisinage sont devenus très ferrugineux, et les portions qui ont été soumises plus directement à l'énergie des agents
plutoniques se sont remplies de cristaux de fer oxidulé et de pé-
ridot. Les faits nombreux que nous venons de parcourir et que
nous avons choisis dans les gisements de roches ignées de toutes
les époques, suffisent pour établir les rapports généraux de composition qui règnent entre leurs éléments et les nouveaux corps
introduits dans les couches modifiées. C'est ainsi que nous avons

observe dans les gypses fibro-soyeux des argiles tertiaires, doit être attribuée aux mêmes mouvements mécaniques. Il est vrai qu'il est moins facile d'expliquer au milieu des serpentines et des ophicalces la présence
de l'asbeste, parce qu'en supposant même que cette substance ait été
d'abord tenue en dissolution, on aurait de la peine à concevoir comment
elle aurait transsudé à travers le calcaire cristallin. Nous ferons remarquer à cet égard que nous avons recueilli dans les Pyrénées un échantillon de quarz dans lequel une petite masse de gypse fibreux provenant de
la réaction des pyrites sur un calcaire voisin, occupait une cavité où elle
n'avait pu se rendre qu'en traversant les parois de la roche siliceuse.
C'est encore à un déplacement de molécules par force électro-chimique
que nous attribuons, dans ces deux cas, la formation de ces substances
fibreuses.

démontré que le mica, l'amphibole, le talc, le feldspath, le carbonate de chaux, le pyroxène, la serpentine, qui se trouvent logés dans les calcaires métamorphiques, provenaient respectivement de l'action des roches qui renfermaient déjà ces substances, et l'analyse chimique est venue en aide pour confirmer leur identité. Mais quel a été le mode employé pour leur introduction? S'est-elle opérée par voie de sublimation? ou bien leur présence au milieu des couches fossilifères provient-elle de nouvelles combinaisons qui se seraient accomplies sous l'action de la chaleur et d'un mouvement moléculaire, sans apport de principes étrangers, de manière que la roche qui est résultée de cette double influence a pu prendre un aspect tout différent, suivant que la cristallisation aura été plus ou moins favorisée par les circonstances? En d'autres termes, ces nouveaux éléments préexistaient-ils dans la roche modifiée, ou bien lui ont-ils été apportés de l'extérieur?

On peut soutenir ces deux propositions, en invoquant à l'appui de chacune d'elles l'autorité des faits. Nous comprenons, en envisageant les métamorphoses des roches stratifiées, que le phénomène a pu se produire de deux manières différentes, soit par simple transmission de la chaleur, qui aura permis aux élémens du corps soumis à son influence de se grouper différemment et de constituer de nouveaux corps, comme on l'a observé dans la formation de cristaux de feldspath, dans de vieilles briques de fourneaux, soit par cette action combinée avec l'action plus ou moins prolongée d'agents chimiques, comme le dégagement du gaz et des matières volatiles qui, lors de l'injection des roches ignées, ont pu pénétrer dans leur intérieur. La première hypothèse explique très bien la conversion de la houille en coke, des calcaires en marbres et des schistes argileux en schistes siliceux. La théorie des courants électro-chimiques trouve aussi de nombreuses applications dans l'association de diverses substances minérales que l'on remarque dans les filons. L'on comprend, en effet, que dans ces espèces de tubes naturels, le transport des molécules, qui rarement est entravé par des obstacles matériels, puisse s'opérer d'une manière régulière et lente; nous pensons encore que certaines roches présentent quelquefois des cas d'un pareil transport, mais il nous semble qu'on ne peut pas faire intervenir cette théorie d'une façon absolue dans l'appréciation des grands effets du métamorphisme. Ainsi nous demanderions, si on voulait lui accorder une influence exclusive, comment, lorsqu'une couche calcaire et une couche ignée se trouvent en contact, celle-ci ne reçoit jamais, par suite des courants électro-chimiques, des cristaux de carbonate de chaux , tandis que la première se pétrit de silicates à diverses bases. Il faudrait aussi pouvoir retrouver dans les masses ignées les substances qui n'ont fait que les traverser pour venir constituer quelquefois des amas très puissants dans le sein des couches modifiées. Ainsi , comme on le voit, elle rendrait difficilement raison de l'abondance des macles , des grenats que l'on observe quelquefois dans le calcaire ou les micaschistes au contact des granites. Si on faisait intervenir pour la production de ces minéraux la théorie qui veut que ces substances existaient déjà dans la roche sous une forme différente , nous poserions cette simple objection : si les calcaires renfermaient à l'état d'argile les éléments qui ont concouru à la formation de ces silicates , comment se fait-il que cette même proportion d'argile, que l'on suppose dans certaine portion de la couche , disparaisse dans son prolongement ; comment les diverses roches d'éruption , qui sont toutes arrivées au jour dans un état complet de fusion , n'ont-elles pas donné indistinctement naissance à toutes sortes de minéraux au sein des terrains traversés , tandis que nous voyons , au contraire , les substances introduites se retrouver toujours dans les produits modificateurs ? Tout, dans cette association remarquable, tend à nous faire reconnaître pour le plus grand nombre de cas l'intervention d'une sublimation émanant des foyers plutoniques. L'exemple que nous avons cité de la présence des noyaux calcaires dans les schistes talqueux de l'Oisans au contact des spilites , et mille autres faits analogues , ne peuvent laisser aucun doute sur la probabilité de notre hypothèse. Nous devons prévenir une objection qui pourrait nous être faite , et qui frapperait principalement sur l'impossibilité d'admettre une semblable explication dans l'état actuel de nos connaissances , puisque jusqu'à présent il a été impossible de volatiliser les silicates et les carbonates de chaux. Nous croyons qu'il serait dangereux en géologie de s'astreindre trop rigoureusement aux lois positives de la chimie pour la solution des problèmes que présentent encore les phénomènes généraux du métamorphisme. Sans aucun doute, la chimie est le meilleur flambeau qui puisse nous guider dans la recherche des faits géologiques qui se rattachent à la composition intime des roches et aux causes qui ont présidé à la combinaison de leurs éléments ; mais en avouant qu'elle est indispensable pour nous placer avec sûreté dans la bonne voie , nous devons ajouter qu'elle devient souvent insuffisante, lorsqu'il s'agit d'appliquer aux grands phénomènes naturels les principes qu'elle pose : l'induction philosophique oblige quelquefois d'aller plus loin, et d'admettre qu'il doit exister dans les résultats la même différence que l'on remarque entre les opérations de la nature et celles du laboratoire. Nous reconnaîtrons donc avec M. Fournet que dans les grandes chaînes de montagnes les phénomènes géologiques ont pu acquérir une telle intensité, et loin de la cause d'action, que l'imagination étonnée et confondue se refuse presque à trouver la liaison intime qui règne dans tout l'ensemble.

Il sera toujours difficile, nous en convenons, de se rendre compte d'un pareil transport de molécules, et d'assigner d'une manière exacte quel a été le mode employé par la nature dans ses opérations. Toutefois, quand nous voyons, comme à Allevard ou à Vicdessos, des filons de fer carbonaté évidemment remplis par sublimation, c'est-à-dire de bas en haut, nous proclamons invinciblement que le fer carbonaté est volatilisable; de même lorsque dans des roches schisteuses dépourvues de carbonate de chaux, nous ne rencontrons cette substance que dans le voisinage d'une roche massive qui en renferme elle-même et que l'analyse décèle une composition identique, nous admettons que sa présence dans les schistes annonce un fait postérieur à leur formation, et dont l'accomplissement remonte au moment où la roche massive arrivait au jour et fournissait les matériaux de ce principe étranger (1).

Au surplus, la volatilisation du calcaire à l'aide d'une forte chaleur et de circonstances que nous ne pouvons reproduire ne paraît pas plus surprenante que la volatilisation du sel marin exposé à une haute température, ou la transsudation du plomb sulfuré à travers les pores du creuset dans lequel on l'a introduit; on sait aussi que c'est par sublimation que se forment les beaux groupes de fer oligiste que l'on rencontre dans les trachytes et dans les laves; c'est par sublimation que l'acide borique sort des fissures des lagonis; c'est encore par sublimation que dans les solfatares de Pozzoles les parois des cavernes se tapissent de concrétions si-

_____

(1) Nous avons recueilli dans les filons d'Allevard et de La Gardette des échantillons de quarz dont les prismes sont recouverts d'une multitude de cristaux de chaux carbonatée. Ce qui prouve que ceux-ci y sont arrivés par voie de sublimation, c'est qu'ils n'encroûtent jamais que trois des pans des prismes, c'est-à-dire les parties qui étaient directement exposées au passage des vapeurs souterraines. On reproduit exactement le même accident en projetant par l'insufflation un jet de vapeur d'eau sur un groupe de cristaux de quarz. On voit ces gouteletttes se condenser seulement sur les faces des prismes qui ont interrompu le courant que l'on avait dirigé sur la masse entière.

liceuses, et cependant ces matières ne sont pas volatilisables. M. Haussmann, qui s'est occupé à appliquer à l'explication des phénomènes géologiques des expériences métallurgiques, a vu plusieurs substances se sublimer et pénétrer à l'état de vapeur les matériaux des parois des fourneaux ; des grès étaient pénétrés de fer métallique de telle sorte qu'on ne pouvait s'expliquer cette pénétration qu'en supposant que le fer y était arrivé à l'état de vapeurs. Enfin, M. Haussmann ne voit entre les phénomènes naturels et les opérations métallurgiques d'autres différences que la grandeur des échelles (1).

En résumé, les développements auxquels nous nous sommes livré dans ce premier paragraphe tendent à prouver . 1° qu'il n'existe pas de calcaire primitif ; 2° que la cristallinité des calcaires est un fait général lié à toutes les éruptions ignées ; 3° que la densité et la blancheur des calcaires grenus sont des effets de la chaleur et de la pression auxquelles ils ont été soumis ; 4° enfin, que dans le plus grand nombre de cas, la présence des minéraux accidentels dans les masses calcaires est due à des sublimations émanant de la roche ignée elle même.

## § II. *Dolomies.*

La production des dolomies dans le voisinage des terrains massifs, comme celle des calcaires saccaroïdes, est aussi un fait général qui s'est manifesté à tous les âges de la formation du globe, mais qui paraît pourtant s'être développé avec plus d'énergie pendant la sortie des porphyres pyroxéniques et des autres roches ignées dans lesquelles la magnésie abonde. La théorie la plus généralement adoptée pour expliquer leur mode de formation repose dans l'hypothèse qu'au moment de l'apparition des mélaphyres ou d'autres produits plutoniques, la magnésie se dégagea

---

(1) Les expériences récentes dont M. Gaudin vient de soumettre le résultat à l'Académie des sciences prouvent non seulement la fusibilité de la silice, mais encore sa volatilisation à l'aide de la chaleur. Cette découverte inattendue détruira bien des doutes et hésitations que l'on conserve encore sur quelques questions du métamorphisme. Nous enregistrons ce fait sans prétendre néanmoins avancer que la nature ait volatilisé la silice par les mêmes procédés employés par M. Gaudin ; mais il écartera au moins les impossibilités que l'on oppose si souvent aux théories géologiques, et qu'on n'a pas manqué de produire toutes les fois que des géologues ont dit que les matières siliceuses de certains filons ont dû être amenées par voie de sublimation.

sous forme de vapeurs, pénétra dans les couches calcaires, et constitua, en s'incorporant à leur substance, un double carbonate de chaux et de magnésie. Voici à présent d'après quelles recherches M. de Buch a été amené à cette ingénieuse explication.

Ce savant avait remarqué que la sortie des mélaphyres dans le Tyrol était généralement accompagnée de grandes perturbations dans les roches secondaires qu'ils avaient traversées, et que la présence de la dolomie paraissait toujours concorder avec leur contact ou leur voisinage. Les dolomies de la vallée de Fassa sont concomitantes des mélaphyres, et paraissent devoir être regardées comme résultant de leur influence modificatrice sur les calcaires coquilliers compactes et stratifiées, qui se montrent tels dès que le porphyre disparaît.

Le cône dolomitique de Sainte-Agathe, près de Trente, se compose également de dolomies tellement crevassées et fendillées que toute stratification a disparu ; mais les mêmes couches se trouvent sans altération sur le revers, de sorte qu'avec des fouilles, dit M. de Buch, on pourrait obtenir des dalles d'un côté formées de calcaire à Ammonites, tandis que l'autre serait dans un état de décomposition qui conduit à la formation de la dolomie. La physionomie des masses dolomitiques est caractéristique : des crevasses verticales et profondes les traversent en toutes les directions, sans qu'aucune division en couches horizontales ou inclinées n'interrompe l'uniformité des contours perpendiculaires. Le même savant se demande ensuite comment il se fait que la magnésie puisse traverser et modifier des roches calcaires dont la puissance moyenne est de plusieurs milliers de pieds, pour en faire une roche uniforme dans toute son étendue. L'analyse qui a été faite du calcaire stratifié que l'on observe dans le prolongement n'a décelé aucune trace de magnésie ; or, lorsqu'on voit ce calcaire se modifier peu à peu, sans que sa continuité soit interrompue, et passer à la dolomie dans le voisinage des mélaphyres, n'est-il pas naturel de croire que c'est la roche pyroxénique qui l'a fournie ? Sans doute, l'on a de la peine à comprendre comment la magnésie qui est fixe a pu être transportée dans les roches calcaires ; mais le contact des roches ignées ne nous présente-t-il pas des problèmes aussi complexes ? Certains calcaires se pénétrant de grenats, d'amphibole ou de pyroxène, souvent à des distances de plusieurs mètres des points de contact, ne révèlent-ils pas des transports de molécules aussi inexplicables dans l'état actuel de nos connaissances ?

Telles sont, en résumé, les considérations puissantes sur lesquelles M. de Buch a appuyé sa théorie de la dolomitisation, théorie qui a été l'objet de beaucoup de critiques de la part des chimistes surtout, mais que le plus grand nombre des géologues a aussi adoptée, comme pouvant seule expliquer les relations des dolomies avec les roches ignées qui les avoisinent. On a peut-être dépassé les véritables limites, lorsqu'on a voulu rejeter entièrement l'hypothèse de l'épigénie, ou bien quand on a prétendu l'étendre à tous les gisements de dolomie connue. Nous prouverons bientôt qu'il existe des dolomies sédimentaires précipitées à la manière des carbonates de chaux ; mais épuisons en ce moment ce que nous avons à dire sur la théorie de M. de Buch. M. de Beaumont, dont les idées et les observations concordent avec celles du géologue prussien, a soumis au contrôle des calculs atomiques l'hypothèse qui attribue à une épigénie l'origine des dolomies caverneuses et fendillées, en supposant que chaque double atome de carbonate de chaux pesant 1264,912 a été remplacé par un atome de dolomie pesant 1167,246 : d'où la conséquence qu'un mètre cube de calcaire dont le poids est de 2,750 kilogr. aurait donné 2537,6 kilogr. de dolomie, et la pesanteur spécifique de la dolomie étant 2,878, ces 2537,6 kilogr., auraient occupé un volume de $0^m,88175$. Ainsi, après l'épigénie, il y aurait eu un retrait de 12/100 du volume de la masse calcaire transformée. Cette explication rendrait compte des fendillements et des crevasses que M. de Buch signale dans les dolomies du penchant méridional des Alpes, ainsi que de l'état caverneux de certains polypiers de Gérolstein qui ont été convertis en dolomies. Peut-être aussi pourrait-on attribuer ces accidents à la désagrégation à laquelle ces roches, composées de molécules peu adhérentes entre elles, sont exposées. Du moins, c'est ce que nous avons observé très fréquemment dans les Pyrénées et en Provence, où la surface et quelquefois l'intérieur des fentes des montagnes dolomitiques s'égrènent avec la plus grande facilité, en donnant naissance à une espèce de sable cristallin qui n'est autre chose que de petits rhomboèdres de dolomie.

Comme les esprits n'étaient point préparés à des idées aussi audacieuses, la théorie de M. de Buch rencontra une très forte opposition, surtout de la part des savants qui, se fondant sur la fixité de la magnésie et du carbonate de magnésie exposée à une très haute température, ne voulurent point reconnaître l'introduction de cette substance à travers des montagnes entières. Cependant, nous pensons que si les premiers exemples avaient été puisés dans des modifications locales et de peu d'intensité, telles

que celles que les basaltes ont fait subir à certaines couches calcaires, on se serait habitué à des phénomènes accomplis sur une
plus vaste échelle et que l'explication de M. de Buch ne paraîtrait
pas plus hasardée que l'opinion généralement reçue aujourd'hui
sur les *calcaires primitifs*.

A Rougiers (Var), la conversion du calcaire fossilifère en
calcaire magnésien, qui ne s'est point étendue au-delà d'un mètre
de distance du basalte, rend très sensibles les divers états par
lesquels sont passées les parties des couches qui ont été exposées à
la chaleur et à l'émanation des vapeurs magnésiennes. Les quatre
échantillons dont nous donnons l'analyse et que nous avons recueillis dans les environs de ce volcan éteint présentent, soit dans
leur texture, soit dans leur composition, des différences d'autant
plus prononcées qu'ils étaient plus rapprochés de la cause modifiante.

| | Calcaire empâté dans le basalte. | Calcaire placé à 1 mètre du précédent. | Calcaire placé à 2 mètres du numéro 1. | Calcaire à *Terebratula vulgaris*. |
|---|---|---|---|---|
| Eau................ | 0,005 | 0,006 | 0,007 | 0,006 |
| Oxide de fer........ | 0,008 | 0,010 | 0,021 | 0,032 |
| Carbonate de chaux.... | 0,570 | 0,680 | 0,837 | 0,924 |
| Carbonate de magnésie. | 0,396 | 0.279 | 0,095 | 0,000 |
| Argile.............. | 0,021 | 0,025 | 0,040 | 0,038 |
| | 1.000 | 1,000 | 1,000 | 1,000 |

Quand une formation aussi étendue que l'est le muschelkalk
dans le département du Var ne contient de couches de calcaire
cristallin et de dolomie que dans le voisinage d'une éruption ba-
saltique, on ne peut attribuer une semblable altération qu'à l'influence des agents ignés, et on est en droit de conclure que c'est
par un dégagement de la magnésie, dont les basaltes renferment
une proportion assez considérable, que le mélange du double
carbonate a été produit. La connexion qui existe entre les coulées
laviques et la transmutation d'une partie des calcaires de transition de Gérolstein en dolomie est encore un bon exemple à citer.
En effet, le calcaire dans cette localité devient saccaroïde et dolomitique dans le voisinage des laves, perd sa stratification en
même temps qu'il est traversé par de grandes fissures verticales,
et ne reprend sa texture compacte, ses fossiles ainsi que les caractères qui lui sont propres, qu'à mesure qu'il s'éloigne des points
de contact. MM. Élie de Beaumont et de Buch ont même trouvé
à Gérolstein des polypiers inclus dans la dolomie, et qui étaient
eux-mêmes passés à cet état; découverte intéressante et qui sug-

gère à M. Fournet les observations suivantes que nous empruntons à une lettre qu'il a insérée dans les *Annales de physique et de chimie*. Les polypiers ne sécrétent que du calcaire à peu près pur, et le changement du calcaire en dolomie est ici de toute évidence, puisque un peu plus loin, dans le calcaire qui forme le prolongement de la masse dolomisée, on retrouve les polypiers à l'état calcaire parfaitement conservés, tandis que là où la masse a été modifiée en dolomie, la majeure partie de leur texture intérieure a disparu. Il ne reste plus qu'à trouver le mode de transport des molécules magnésiennes.

D'abord l'intégrité extérieure des fossiles dolomisés prouve que la roche n'a pas subi de fusion ; d'un autre côté, leur texture intérieure étant modifiée, on conçoit que la roche a pu avoir été soumise à un simple ramollissement, en vertu duquel la combinaison du calcaire avec la magnésie a été favorisée. Ce ramollissement imparfait n'a pu exiger d'ailleurs une température aussi excessive qu'on pourrait le supposer au premier aspect ; car on sait, d'après les belles recherches de M. Berthier, que la fusibilité des substances salines est singulièrement favorisée par leur association, parce qu'il tend à se former dans cette circonstance des sels doubles très fusibles.

Les carbonates calcaires se ramollissent donc plus facilement en présence du carbonate de magnésie, et ce ramollissement favorise un genre d'action qui paraît avoir joué un rôle beaucoup plus fréquent dans la nature qu'on ne l'a supposé jusqu'à présent : c'est la *cémentation*. C'est en vertu de celle-ci que l'on peut concevoir que le carbonate magnésien a pénétré insensiblement dans le centre des masses calcaires, de même que le carbone pénètre dans l'intérieur des lames de fer sans les déformer ; de même qu'il suffit de calciner une masse de *magnesia alba* dans un creuset d'une terre un peu ferrugineuse, pour voir l'oxide de fer se séparer d'avec l'argile du creuset et se porter jusqu'au centre de la masse de magnésie dont il altère la blancheur.

Ainsi, comme on le voit, la dolomitisation a pu être produite par des causes analogues à celles qui ont injecté des minéraux cristallisés dans les marbres grenus, et par des roches différentes, pourvu qu'elles continssent de la magnésie. Les terrains anciens ne sont pas les seuls qui nous offrent des exemples de cette transmutation : aujourd'hui même les déjections du Vésuve amènent des fragments de dolomie grenue. M. William Thompson, qui pendant plusieurs années a habité le théâtre des phénomènes vol-

3

caniques, pense que les dolomies du Vésuve sont les calcaires
mêmes des Apennins, rendus tels par le feu intérieur et remplis
de cristaux par voie de sublimation. Il a en effet remarqué que
les calcaires de cette chaîne ne présentent pas un atome de magnésie, et que par conséquent cette base surajoutée dans l'intérieur du volcan au calcaire compacte, a dû nécessairement y avoir
été incorporée par pénétration moléculaire.

On sait qu'au Saint-Gothard, qu'à Carrare et dans les Pyrénées
la dolomie se trouve constamment associée aux calcaires saccaroïdes, et que, comme ceux-ci, elle renferme abondamment de la
trémolite, du disthène, du mica et d'autres minéraux cristallisés.
Les gisements remarquables de fer à Vicdessos et dans le Canigou
reposent au milieu des calcaires très dolomitiques ; il paraîtrait
dès lors difficile de pouvoir établir des distinctions dans les causes
qui auraient provoqué une association si intime. Les derniers
travaux exécutés dans la mine d'or de la Gardette, et que nous
avons eu l'occasion d'étudier, nous fournissent la confirmation du
synchronisme du remplissage du filon et de la conversion du
calcaire en dolomie. Dans cette partie des Alpes, le lias repose
directement sur le gneiss avec une discordance de 70 à 75°, et la
jonction des deux terrains s'est opérée suivant les plans d'une
surface ondulée. Le filon de quartz qui contient l'or pénètre également dans les schistes anciens et les terrains secondaires où il se
termine. Les calcaires du lias qui servent de salbandes sont tous
convertis en dolomie noirâtre et renferment en outre de la galène
à larges facettes dans laquelle M. Gueymard a signalé de l'or à
l'état natif; le prolongement des couches, à quelques centimètres
de distance, ne présente plus de magnésie : or, la même galène
et des cristaux de dolomie rhomboédrique forment des druses au
milieu du quartz qui repose dans le gneiss. Cet exemple n'a pas
besoin de commentaire; il démontre d'une manière invincible
que la dolomitisation du calcaire est subordonnée à un fait particulier qu'on ne peut séparer de la cause qui a déterminé le remplissage du filon. Quand on convient que les différentes substances
métalliques, qui sont généralement de l'or massif, du zinc, du
plomb, du cuivre et du fer sulfuré, y ont été introduites par
sublimation, dira-t-on que la dolomie y a été déposée par voie
sédimentaire ?

M. Virlet(1), pour répondre aux objections des chimistes fondées

(1) Voyez Boué, *Manuel du géologue voyageur*, tome II, page 470.

principalement sur la décomposition du carbonate de magnésie à la chaleur rouge, a proposé sur la formation ignée des dolomies une théorie qui l'attribuerait à une double décomposition chimique. Il suppose que la magnésie serait arrivée à l'état d'hydrochlorate et aurait donné lieu à la formation d'un hydrochlorate de chaux soluble qui aurait été enlevé par l'infiltration des eaux, tandis que la magnésie se serait combinée avec la partie de l'acide carbonique mise en liberté ; ce qui aurait servi à former le double carbonate de chaux et de magnésie. M. Virlet fait observer que l'acide hydrochlorique est un des gaz qui se dégagent le plus fréquemment des volcans, et que les muriates ont dû se dégager autrefois plus abondamment encore, si on admet que de nombreux dépôts de sel gemme ont été formés par voie de volatilisation au milieu des terrains qui les recèlent. Cette explication, qui, négligeant les observations naturelles, ne s'appuie que sur des considérations très contestables, rend bien raison du phénomène sous le point de vue chimique, mais elle se trouve en opposition avec quelques faits que présentent les dolomies ; car, si les choses s'étaient réellement passées de la sorte, on aurait de la peine à comprendre comment certaines masses de dolomie conservent encore des fossiles, ou comment elles se trouvent quelquefois placées assez loin du centre des émanations dont elles sont séparées par des couches puissantes de calcaire saccharoïde qui ne présentent pas un atome de magnésie. Il nous semble aussi qu'on devrait observer encore aujourd'hui quelques traces de cette quantité énorme d'hydrochlorate de magnésie, lorsque les dégagements abondants que M. Virlet suppose de ce sel ont eu lieu au milieu de terrains qui ne contenaient pas de carbonate de chaux, et où par conséquent la double décomposition chimique invoquée n'a pu se produire.

Ainsi, à notre avis, la théorie de M. de Buch fournit la meilleure explication de la formation de la dolomie, et nous ne balançons pas à l'appliquer aux gisements dont la connexion avec des roches ignées est frappante. Cependant nous établirons une distinction importante entre les dépôts qui, comme dans les exemples précédents, sont le résultat de l'épigénie, et ceux qui sont dus évidemment à une précipitation chimique opérée au fond des mers d'une manière analogue aux couches calcaires, ainsi qu'on en observe tant dans les chaînes de la Provence et dans quelques étages du trias. En effet, dans les départements des Bouches-du-Rhône, du Var et des Basses-Alpes, le cœur des montagnes néocomiennes est entièrement composé de dolomie grenue, dont la stratification se lie sans interruption à la direction générale des couches : c'est ainsi qu'on peut la remarquer développée sur une échelle gigantesque dans la chaîne de l'Étoile, à Marseille au fort Saint-Nicolas, à Aups, à Moustiers, à Comps, à Castellanne et ailleurs.

Dans ces diverses localités, ce ne sont pas des points seulement qui ont été dolomitisés, mais ce sont des montagnes entières, et on n'aperçoit aucune roche ignée à laquelle on puisse attribuer le métamorphisme. Quoique les débris fossiles soient rares dans les calcaires magnésiens, il ne faudrait pas croire cependant qu'ils ont entièrement disparu : on en reconnaît beaucoup d'espèces dans les échantillons dont les surfaces ont été exposées à l'action corrosive de l'atmosphère, tandis qu'on les distingue difficilement dans la cassure fraîche, comme cela arrive dans certaines variétés de calcaire subsaccaroïde du terrain de craie. La présence de la magnésie dans les formations secondaires de cette partie de la France méridionale ne saurait être attribuée à l'épigénie, mais bien à une précipitation régulière. Ainsi il aurait existé, aux diverses époques géologiques, des sources qui auraient amené dans les mers des eaux chargées de magnésie ou de carbonate de magnésie ; cet oxide ou ce sel se serait incorporé au carbonate de chaux tenu en dissolution dans ces mêmes mers, qui alors, au lieu d'un simple carbonate, auraient déposé un double carbonate de chaux et de magnésie. On sait que M. Daubeny a constaté à la Torre-del-Annunziata que certaines eaux thermales salines et acidules, entre autres produits, précipitaient du carbonate de magnésie On conçoit de cette manière l'abondance des dolomies dans les montagnes de la Provence, et leur mélange en toutes proportions avec les calcaires. Le gisement de Castellanne au surplus ne peut laisser aucun doute sur la valeur de cette opinion. A la montagne de Destourbes, sur la route de Grasse, la dolomie constitue une bande fort épaisse qui se lie par nuances insensibles aux calcaires du terrain néocomien ; la masse est fendillée dans tous les sens, et les cavités sont remplies d'une multitude de cristaux rhomboédriques et lenticulaires de dolomie et de carbonate de chaux. Or, quand on examine de près la liaison intime qui existe entre ces cristaux et la roche de même nature qui leur sert de gangue, il est impossible de ne pas reconnaître une action chimique aqueuse pour l'accomplissement de laquelle il serait difficile d'invoquer l'influence des agents plutoniques.

Un autre exemple fort remarquable de la formation neptunienne de la dolomie, nous a été fourni dans les environs d'Or-pierre (*Hautes-Alpes*), où on observe dans le lias supérieur de petits filons de fer carbonaté mêlé à de la dolomie ferrifère, tan-tôt lamellaire, tantôt formant au milieu du minerai des druses tapissées de cristaux rhomboédriques. Ces deux substances n'ont pu être amenées en même temps que par des sources minérales qui se seront fait jour dans les marnes suprà-liasiques dont nous venons de parler.

Il résulte donc des développements qui précèdent, qu'il est utile de considérer les dolomies sous le double rapport de leur origine, les unes provenant de l'épigénie des couches calcaires provoquée par les agents plutoniques, et les autres au contraire étant le résultat d'une précipitation chimique et régulière au fond des mers.

## § III. *Gypses.*

Les gypses doivent être considérés comme un des produits les plus remarquables du métamorphisme, puisque leur formation, que l'on peut rapporter à deux causes bien différentes, dépend ou de l'action de vapeurs ou de sources sulfureuses sur des cou-ches calcaires, ou de celle d'acides sulfuriques sur le carbonate de chaux tenu en dissolution dans les eaux des mers et des lacs. Cette induction, à laquelle on a été conduit par un grand nombre de faits, n'avait pas été pressentie par l'ancienne école, car elle considérait tous les gypses comme étant le résultat de précipitations chimiques qui s'étaient effectuées en même temps que les couches qui les renferment, et elle assignait ainsi le même âge aux uns et aux autres. C'est d'après cette théorie que l'on re-gardait comme primitifs les sulfates de chaux qui, comme dans les Pyrénées, reposaient sur le granite. Mais, dans ces derniers temps, la position anomale des gypses dans certains terrains, et les relations qui les lient à l'apparition de roches ignées particu-lières ou aux grandes lignes de fractures des chaînes, ont prouvé à la fois leur indépendance et leur production comparativement plus récente. Les documents les plus précieux à cet égard sont dus à l'examen des Alpes et des Pyrénées.

Nous diviserons ce paragraphe en trois parties, dans lesquelles nous distinguerons : 1° les gypses dus à une véritable précipita-tion chimique et occupant par conséquent dans la série des ter-rains une position qui leur est propre ; 2° les gypses dus à des

émanations acides à la suite desquelles des roches calcaires ont
été converties en sulfate de chaux ; 3º enfin , nous consacrerons
quelques lignes au célèbre gisement d'Arnave , qui a fait croire à
l'existence d'un gypse primitif dans les Pyrénées.

### 1º *Gypses dus à une précipitation chimique.*

On ne connaît guère des gypses de cette nature que dans les
terrains tertiaires et peut être dans le trias, et nous citerons comme
exemples ceux d'Aix et de Montmartre. Cette roche constitue ,
dans ces deux localités , plusieurs couches ou feuillets qui alternent à diverses reprises avec des argiles et des marnes. A en juger
par leur régularité et leur continuité sur des étendues très éloignées les unes des autres, le dépôt a dû exiger un laps de temps
assez considérable , et surtout une période de tranquillité parfaite.
Cette induction est aussi confirmée par la manière dont les fossiles
se trouvent distribués dans les masses. A Aix , en effet , les poissons et les insectes se présentent dans un tel état de conservation ,
qu'on aperçoit encore dans les empreintes que ces animaux ont
laissées le nacré des écailles, la couleur et la ponctuation des
ailes. Des échantillons, que nous avons recueillis nous-même ,
montrent même des Diptères et des Curculionites qui accomplis-
saient l'acte de l'accouplement au moment de leur enfouissement
dans les marnes. L'on sait aussi que les ossements fossiles de Montmartre gisent , pour le plus grand nombre , dans la pierre à plâtre.
Tous ces faits démontrent que ces divers débris organisés furent
entraînés au milieu des eaux qui tenaient primitivement le gypse
en dissolution , et le déposèrent ensuite à l'état de sel neutre. Si
nous considérons à présent la manière d'être de la pierre à plâtre
au milieu des couches calcaires qui l'encaissent , il nous semble
qu'on trouvera naturellement la cause qui fournit l'acide sulfurique nécessaire à sa formation dans la supposition de l'existence
de *sources sulfureuses thermales* qui , pendant la période tertiaire,
éclatèrent dans les lacs qui occupaient les bassins d'Aix et de Paris.
Ce point une fois admis, il est facile de se rendre compte des opérations qui durent s'accomplir dans un liquide qui primitivement
tenait en dissolution du carbonate de chaux. L'acide sulfurique
ainsi introduit expulsa l'acide carbonique et donna naissance à un
sulfate de chaux qui se précipita sous forme de couches , en en-
traînant , incorporés à sa substance, les débris fossiles et les par-
ticules calcaires non encore décomposées. Cette explication est ren-

due très vraisemblable par la quantité considérable de carbonate de chaux dont les gypses d'Aix et des environs de Paris sont souillés (1), ainsi que par leur alternance régulière avec des argiles et des marnes.

Nous ferons observer que les poissons gisent généralement à la partie inférieure des assises gypseuses, et que la grande accumulation dans une même couche fut le résultat de la mort subite qui les frappa tous à la fois, au moment où les eaux des lacs l'imprégnèrent de principes sulfureux. Il serait impossible d'appeler pour la formation des gypses tertiaires l'intervention de vapeurs sulfureuses qui auraient réagi sur des couches calcaires, puisque l'hypothèse d'une pareille transmutation entraînerait aussi comme conséquence nécessaire l'anéantissement complet des divers corps fossiles dont nous venons de signaler l'existence.

L'explication théorique que nous appliquons aux gisements d'Aix et de Montmartre paraît pouvoir être étendue aux gypses des *marnes irisées*, dans des contrées surtout où les sondages pratiqués ont accusé la même allure et à peu près la même puissance dans sept couches de pierre à plâtre superposées. La disposition en forme de lentilles que présente en grand cette substance dans ce terrain, s'observe également dans les gypses d'Aix et de Montmartre, et dans ces amas de matières minérales dits amas en amandes. Le contournement des argiles et des marnes au-dessus de ces dômes arrondis et à bords amincis résulte, dans ce cas, de la préexistence des ondulations de la masse saline sur laquelle les sédiments vaseux sont venus se mouler exactement. Dans les gypses, au contraire, dus à l'épigénie du calcaire déjà consolidé, le contournement des couches paraît devoir être attribué à une tuméfaction dont M. de Beaumont a très bien expliqué la cause, ainsi que nous aurons bientôt occasion de le voir.

2° *Gypses dus à des émanations sulfureuses.*

Dans les grandes chaînes des Alpes et des Pyrénées, il existe entre les amas de gypse et les roches ignées qui les avoisinent, une

---

(1) Le gypse d'Aix est ainsi composé :

| | |
|---|---|
| Sulfate de chaux... | 71 |
| Carbonate de chaux. | 8,25 |
| Eau............. | 17,30 |
| Argile et silice..... | 3,45 |
| | 100,00 |

connexité si intime, que les géologues qui ont étudié ces contrées ont été amenés à attribuer à la sortie de ces roches leur présence au milieu des calcaires qui les enclavent. C'est ainsi que, dans les Pyrénées, les gypses se trouvent en contact avec les Ophites ou bien alignés suivant la même direction. Dans les Alpes françaises, les spilites semblent aussi avoir subordonné à leur voisinage les nombreux dépôts gypseux que l'on y observe. Or, comme ceux-ci gisent indistinctement dans tous les étages secondaires, et que leur position anormale indique qu'il n'ont pas toujours fait partie, dans l'état où on les voit aujourd'hui, des systèmes calcaires qui les renferment, on a dû se livrer à l'appréciation théorique des faits qui ont pu leur donner naissance, et les géologues admettent presque généralement qu'ils ont été produits par des bouffées d'acides sulfureux ou des sources sulfureuses qui, à la suite des dislocations survenues après l'éruption des porphyres, auraient pénétré à travers les assises calcaires et les auraient convertis en sulfate de chaux. Ces hypothèses d'épigénie traduites dans le langage rigoureux des formules atomiques, ont conduit M. de Beaumont (1) à des résultats numériques dont la comparaison avec les faits observés offre un moyen de contrôle pour ces mêmes hypothèses.

L'épigénie à laquelle peut être attribuée l'origine du gypse consiste en ce que dans une masse calcaire chaque atome d'acide carbonique a été remplacé par un atome d'acide sulfurique, de sorte que chaque atome de carbonate de chaux, dont le poids est de 632.486. est devenu un atome de gypse hydraté qui pèse 1082,243. La supposition de l'épigénie entraîne comme conséquence celle d'un gonflement de plus de moitié; or, les faits généraux confirment cette ingénieuse induction empruntée au savant déjà nommé, puisqu'ils nous montrent la plupart des gisements du gypse occupant des centres de dislocation autour desquels les roches encaissantes se sont contournées ou étoilées.

L'influence ignée à laquelle on subordonne les dépôts gypseux des terrains secondaires, et à laquelle les considérations que nous avons exposées donnent une si grande probabilité, est aussi attestée par la présence dans les masses de gypse, de cristaux de fer oligiste et de quarz, ainsi que par la conversion en calcaires dolomitiques des calcaires qui les avoisinent (2). Il est même à remarquer que la magnésie ne s'y trouve jamais en quantités définies,

_____

(1) *Bulletin de la Société géologique de France*, vol. VIII, page 174.

(2) Nous avons réuni dans le tableau suivant les analyses d'une série

mais qu'elle abonde vers les points de contact , jusqu'à dépasser quelquefois les proportions voulues pour constituer une véritable dolomie , puis disparaît insensiblement à mesure qu'en dehors de la cause modifiante les couches reprennent leur aspect originaire. Cette différence de composition dans les roches , suivant qu'on les observe près ou loin des gypses , n'est pas la seule particularité que nous ayons à signaler : on remarque aussi que les calcaires dolomitiques renferment une quantité notable de sable siliceux fin , que ne présentent pas les résidus des calcaires non modifiés. En admettant les réactions produites par des courants et des vapeurs sulfureux , on conçoit facilement que les calcaires magnésiens exposés à leur influence aient cédé une partie de l'alumine de leur argile à l'acide sulfurique pour former un sel très soluble qui , plus tard , aura été dissous et entraîné. Il est très important de constater que l'analyse chimique vient ici en aide aux théories géologiques , dont elle confirme parfaitement les déductions.

L'origine métamorphique des gypses une fois établie , il a été impossible de les considérer comme étant contemporains des couches qui les renferment , puisque leur âge se rattache nécessairement à celui des roches ignées qui les ont produits. M. Dufrénoy a pensé que dans les Pyrénées , où il a observé l'ophite avec gypse soulevant des étages tertiaires , l'apparition de ces porphyres amphiboleux et la métamorphose des gypses remontaient à l'époque de ces terrains ; on a étendu plus tard ces conséquences aux spilites et aux amas gypseux des Alpes , de sorte que le plus grand

---

d'échantillons provenant du gisement de gypse de Roquevaire (Bouches-du-Rhône) , en ayant eu soin de supprimer la quantité de sable et d'argile qui pouvait les souiller. L'ordre des numéros correspond aux points les plus rapprochés des amas gypseux.

|  | N° 1 | N° 2 | N° 3 | N° 4 | N° 5 |
|---|---|---|---|---|---|
| Carbonate de chaux... | 38,3 | 53,3 | 58,9 | 75,6 | 93,5 |
| — de magnésie. | 61,7 | 46,7 | 41,1 | 24,4 | 6,5 |
|  | 100,0 | 100,0 | 100,0 | 100,0 | 100,0 |

Le n° 1 possède plus de magnésie qu'il n'en faut pour constituer une dolomie. — Le n° 2 est une véritable dolomie.

Les nombreux gisements de gypse de la Provence et de l'Isère offrent à peu près les mêmes dispositions.

( *Voyez* pour plus de développements , les travaux d'analyse insérés par M. Gueymard dans le *Bulletin de la Société géologique de France* , année 1840.)

nombre des géologues considèrent ces divers produits comme étant d'une date très récente. Cette proposition nous paraît trop absolue. De ce que, dans les environs de Biaritz, l'ophite se trouve intercalée dans les terrains tertiaires, il ne s'ensuit pas nécessairement que tous les gisements de cette roche, dans les Pyrénées, appartiennent à la même époque. Il en a été des ophites comme des granites et des porphyres qui, dans un même lieu, ont souvent apparu à la surface du globe à diverses époques successives très éloignées les unes des autres. En effet, à l'étang de Lherz, les calcaires saccharoïdes de la formation jurassique renferment des fragments de lherzolite à l'état roulé; circonstance qui prouve que l'âge de cette roche ignée, antérieure à la sédimentation d'une grande partie des étages secondaires, se trouve compris entre le dépôt de ces formations et celui des terrains tertiaires supérieurs. Des observations qui nous sont personnelles et que nous avons recueillies dans les Alpes de la Provence, prêtent à cette opinion la preuve d'une démonstration rigoureuse. Dans le département des Basses-Alpes, les terrains de craie reposent au-dessus des terrains jurassiques en discordance de stratification. Au-dessus de Sénez surtout, les calcaires néocomiens s'appuient transgressivement sur des gypses qui dépendent des lias, sans que ces calcaires aient été convertis eux-mêmes en gypse; ce qui aurait dû nécessairement avoir lieu si l'époque du métamorphisme se rapportait à l'âge que l'on attribue généralement aux spilites, c'est-à-dire à la période tertiaire.

Nous admettrons donc que les gypses des formations secondaires sont dus à des réactions survenues à la suite d'épanchement de roches ignées, mais que la transmutation, effet de causes répétées plusieurs fois, ne saurait être rapportée exclusivement à l'époque des dépôts tertiaires.

### 3° *Gypses réputés primitifs.*

L'opinion généralement admise que les gypses avaient été déposés en même temps que les couches qui les contenaient, avait fait admettre qu'il existait des gisements de cette substance dans les terrains primitifs. C'est ainsi que M. Reboul (1) écrit que quelques dépôts de chaux sulfatée dans les Pyrénées et dans les Alpes remontaient à l'époque des gneiss et des calcaires primitifs. Il se fondait sur les circonstances de leur position ; or, comme

(1) *Essai sur la période primaire.*

dans la vallée du Saurat ils reposent réellement sur le granite, cet observateur les faisait primitifs et les considérait comme des dépôts lacustres.

M. de Charpentier les classait au contraire dans le terrain de transition, parce que, disait-il, « ce gypse s'enfonce sous le cal-
» caire de transition de Bédaillac..... Ce calcaire est d'un gris
» cendré ou d'un gris noirâtre compacte, et renferme assez
» souvent des Bélemnites, des Ammonites et d'autres corps
» marins. »

Cette simple citation suffit déjà pour indiquer la véritable posi-
tion de ces gypses au milieu des couches calcaires à Bélemnites, dont l'âge avait dû échapper à M. de Charpentier, à cause du faible secours qu'offrait alors (1811) la comparaison des fossiles pour la distinction des terrains sédimentaires. Aujourd'hui, il ne pourrait exister de doutes sur leur détermination précise, car nous y avons recueilli des *Pentacrinites*, l'*Ammonites Walcotii*, la *Terebratula ornithocephala*, la *Lima punctata*, le *Pecten æquivalvis* et d'autres fossiles particuliers au lias; mais ces débris organisés ne se rencontrent que sur quelques points, parce que les calcaires, dans cette partie des Pyrénées, sont enchevêtrés dans le granite d'une manière très bizarre, et ont subi des modifications tellement énergiques que leur aspect originaire a généralement disparu.

Le gypse constitue à l'entrée de la vallée du Saurat une bande très étroite, mais d'une épaisseur considérable, qui court paral-
lèlement à la direction de la vallée en reposant immédiatement sur le granite d'un côté, et se liant de l'autre aux calcaires que nous avons déjà signalés, et qui, dans le voisinage de la roche ignée, sont devenus saccharoïdes. Sa couleur varie entre le blanc grisâtre et le blanc verdâtre ; il renferme de nombreux cristaux de minéraux, dont les plus ordinaires sont : l'épidote, l'amphibole, le talc, le dipyre et le mica verdâtre hexagonal. Mais ces substances, qui se montrent en grande abondance au contact du granite, finissent par disparaître graduellement à mesure que l'on s'en éloigne ; et on remarque en même temps que les proportions du sulfate de chaux diminuent dans un même rapport et se trouvent remplacées par le calcaire saccharoïde, qui forme la roche dominante de la contrée : aussi la pierre à plâtre n'est-elle exploi-
table que vers les limites du terrain massif ; car, à une certaine distance, les bancs sont presque tous calcaires, et le gypse ne forme plus que quelques réseaux imperceptibles. Cette superposition re-
marquable du gypse sur le granite dans cette partie de l'Ariége, et les circonstances de son gisement, indiquent d'une manière

claire que la transmutation de la roche secondaire est due à des émanations sulfureuses amenées par l'éruption granitique qui y introduisit en même temps les éléments des substances minérales que nous avons énumérées.

Cet exemple, et c'est le seul que nous connaissions, prouve incontestablement, suivant nous, que l'épigénie des gypses, ainsi que la conversion des calcaires en dolomies et en marbre grenu, a eu lieu à toutes les époques, et que sa présence se trouve indistinctement liée sur la surface du globe à l'apparition des diverses roches ignées. La solfatare de Pouzzoles nous offrirait encore aujourd'hui la continuation de ces mêmes phénomènes plutoniques, dont les terrains anciens nous montrent des effets si puissants.

*Permis d'imprimer,*

L'INSPECTEUR GÉNÉRAL DES ÉTUDES
chargé de l'administration de l'Académie de Paris,

ROUSSELLES.

*Vu et approuvé,*

LE DOYEN DE LA FACULTÉ,

J.-B. BIOT.

# DEUXIÈME PARTIE.

*Considérations sur les Aptychus.*

La rencontre que l'on a quelquefois faite des singuliers fossiles connus sous le nom de *Trigonellites* ou d'*Aptychus* dans l'intérieur de certaines Ammonites, les a fait regarder par quelques naturalistes comme ayant servi d'opercules à cette famille éteinte de Céphalopodes. Cette opinion, d'abord émise par M. Rüppel en 1829, à la réunion des savants allemands d'Heidelberg, d'après l'inspection d'exemplaires d'*Aptychus* imbriqués recueillis à Solenhofen, et qu'il pensait avoir appartenu à des *Planulites*, fut combattue par M. Voltz, parce que M. Rüppel, tout en admettant que les *Aptychus imbricati* étaient des opercules, rapportait les *cellulosi* à d'autres mollusques : distinction qui en réalité ne pouvait être conservée. Plus tard cependant M. Voltz ayant trouvé l'*Aptychus elasma* dans l'intérieur de l'*Ammonites opalinus*, placé dans le fond de la loge qu'avait autrefois occupée l'animal, commença de croire que ce pourrait être une véritable opercule. Des recherches ultérieures très étendues, et consignées dans les Mémoires de la Société d'histoire naturelle de Strasbourg, le confirmèrent non seulement dans ce sentiment, mais encore lui firent apercevoir, dans la comparaison d'un grand nombre d'échantillons, provenant de diverses localités et trouvés avec des Ammonites, des rapports frappants de forme entre leur configuration et celle de la dernière cloison de ces mêmes Ammonites; d'où il conclut que les uns et les autres étaient les divers appareils solides d'un même animal. Cet examen, qu'il poursuivit jusqu'à ses dernières limites, lui fit créer trois types ou familles d'*Aptychus*, qui se rapportaient à certaines des divisions adoptées par M. de Buch dans sa classification des Ammonites. Ainsi, il crut que les *Aptychus cornei* avaient appartenu à la division des *fulciferi*, les *imbricati* à celles des *planulati*, des *flexuosi* et *amalthei*; enfin les *cellulosi* à celles des *macrocephali* et des *dentati*. C'était certainement pousser les rapprochements beaucoup trop loin, comme nous aurons occasion de le faire remarquer plus tard. Nous devons dire cependant que M. Voltz émettait quelques doutes sur l'excellence de cet arrangement systématique, parce qu'il comprenait que malgré toute l'analogie des *Aptychus* avec des opercules, il restait encore à savoir si ces débris fossiles étaient réellement des opercules d'Ammonites.

Comme l'opinion de ce savant reposait sur un grand nombre d'observations et de recherches consciencieuses, elle paraît avoir prévalu aujourd'hui sur celles des zoologistes et des géologues qui ont traité la même question. Nous la discuterons plus tard; mais examinons d'abord la valeur des raisons sur lesquelles s'appuie M. Voltz, et nous verrons, d'après les détails que nous donnerons sur la structure des *Aptychus*, et en nous appuyant sur des caractères d'organisation, si les Ammonites pouvaient être operculées, nous rechercherons ensuite quelles fonctions ces fossiles ont dû remplir dans les temps anciens et la place qu'il convient de leur assigner dans la série zoologique.

De tous les naturalistes, M. Voltz nous paraît être celui qui a le mieux découvert et décrit la structure des *Aptychus*. Comme nous l'avons déjà dit, il en reconnaît trois familles qui se distinguent par la composition de leur test. La première comprend les *Aptychus* qui sont formés d'une simple lame cornée, *cornei*; la deuxième, ceux dont la lame cornée est recouverte d'un dépôt calcaire imbriqué, *imbricati*; la troisième, ceux dont la lame cornée est recouverte d'un dépôt calcaire celluleux, *cellulosi* (1). En général, on peut les considérer comme une lame cornée, simple ou bien recouverte d'un dépôt calcaire, univalve, plus ou moins cordiforme, composée symétriquement de deux lobes réunis par une arête ou plutôt un faîte médian, probablement susceptible d'un léger mouvement, qui donnait aux deux lobes la liberté de se plier un peu à la manière des Bivalves. La disposition de ces

(1) Dans cette famille, le tissu vacuolaire ou celluleux ne devient apparent qu'autant qu'une couche calcaire, lisse et unie qui le recouvre a été enlevée soit naturellement par l'usure ou le frottement, soit artificiellement : aussi peut-on dire qu'il est tout-à-fait intérieur. Pour s'en assurer il n'y a qu'à examiner une suite d'*Aphtychus lævis* de Solenhofen, et les *Aptychus Blainvillei* et *Beaumontii* décrits à la fin de cette dissertation

diverses pièces s'aperçoit très bien dans les échantillons qui proviennent de Solenhofen, et démontre qu'elles ne formaient chez ce corps organisé qu'un seul et même tout. (Fig. 1, 2, 3 et 4.)

Ce qu'il y a de remarquable, c'est que la lame cornée et le test calcaire, lorsqu'ils existent sur le même échantillon, présentent chacun des stries d'accroissement qui n'ont rien de commun dans leur marche et dans leur direction. Quand la lame cornée n'a pas été conservée, on observe dans l'intérieur du test calcaire les stries d'accroissement qu'elle lui a imprimée, de la même manière que l'on aperçoit quelquefois sur la roche l'empreinte des sacs à encre des Loligos ou des Bélemnites dont la matière animale a disparu. Il paraît même que dans le plus grand nombre des cas, cette pièce cornée a été anéantie; voilà aussi pourquoi, dans une foule de localités, il n'existe plus que le test calcaire qui la recouvrait; mais alors la partie concave offre toujours la même disposition et le même mode d'accroissement que dans l'*Aptychus elasma* ( fig. 4 ), qui peut être regardé comme le type de la famille des *Cornei*.

Cette remarque importante n'avait pas échappé à M. Hermann de Meyer ni à M. Deslonchamps; car c'est à cause de ce double accroissement intérieur et extérieur que le premier a fait des *Aptychus* une coquille interne de mollusques, et M. Deslonchamps fait observer que dans toutes les bivalves connues, vivantes ou fossiles, quelque minces qu'elles soient, les stries d'accroissement n'existent jamais à l'intérieur. Cette surface est enduite d'une couche testacée, en général lisse et unie, où les impressions musculaires et palléales se voient presque toujours d'une manière plus ou moins distincte. Dans les *Aptychus*, au contraire, non seulement la surface interne ne présente nulle trace d'impressions musculaires ou autres, mais encore les stries d'accroissement s'y voient aussi nettement qu'à la surface externe. Cette particularité annoncerait ou une très grande différence dans l'animal producteur de ces coquilles d'avec ce qu'on connaît jusqu'à ce jour, ou qu'une partie de l'épaisseur du test, la couche interne, de nature différente de l'externe, aurait disparu pendant la série des vicissitudes de la pétrification, comme on l'observe dans un grand nombre de coquilles fossiles. Ces savantes réflexions ont été reproduites en entier dans le travail de M. Voltz, qui y ajoute deux observations précieuses; la première, que dans quelques échantillons où l'on distingue très bien les couches successives de la surface convexe du test calcaire, on voit parfaitement que leurs stries d'accroissement sont différentes de celles de la surface concave; la seconde, que ces dernières sont évidemment l'empreinte des stries de la lame cornée, qui est la partie du test intérieur que M. Deslongchamps supposait avec raison avoir disparu ; en effet, elles ne correspondent nullement ni par leur nombre, ni par leur forme aux imbrications de la face opposées.

M. Voltz voit dans l'existence de ces deux parties si différentes des rapports qui leur donnent de la ressemblance avec la structure des opercules des *Nérites*, des *Turbos* et des *Fusus*, où les imbrications du test calcaire et extérieur offrent la même discordance avec les stries d'accroissement de la lame cornée et intérieure, et dont le mode d'accroissement est le même que dans les *Aptychus ;* d'où il conclut que ces derniers, soit à cause de leur organisation, soit à cause de leur forme et de leur position dans la dernière loge des Ammonites, ont dû leur servir d'opercules. Il nous semble que la flexibilité de l'arête médiane et la bilobation constante des *Aptychus,* jointes à l'absence de toute trace de muscles d'attache, même dans la famille des *Cornei,* où la pièce que l'on suppose avoir été en contact immédiat avec l'animal ou des tissus vivants existe toujours, établissent des différences, nous dirions volontiers, des impossibilités trop absolues, avec la structure des opercules dans lesquels le muscle existe sur les bords de la lame cornée et sur tout le long des stries d'accroissement, pour qu'on puisse opérer un pareil rapprochement.

Un coup d'œil rapide sur l'organisation des Nautiles et des Ammonites suffira au surplus pour repousser cette supposition. Les Nautiles et les Ammonites constituent une famille naturelle très remarquable de mollusques à coquilles cloisonnées dont la disposition des diverses pièces qui la composent annonce des analogies de fonctions à peu près semblables. En effet ces deux genres sont essentiellement formés d'une coquille divisée de distance en distance par plusieurs chambres mises en communication entre elles au moyen d'un tube connu généralement sous la dénomination de *siphon*. La position de cet appareil important qui, dans les Nautiles est ventral, tandis qu'il est marginal chez les Ammonites, c'est-à-dire placé sur le dos de la coquille, établit une différence générique bien tranchée. Les bords du disque des cloisons complétement entiers, sans contractuosités ni dentelures dans les premiers', et *foliaceo-lobata* dans celles-ci, fournissent aussi une bonne distinction, mais de moindre valeur que la précédente.

M. de Haan, en 1825, a bien tenté de démembrer les Ammonites en formant à leurs dépens le genre *Goniatite ;* mais comme la position du siphon est la même, et que des lobes anguleux ou ondulés, dépourvus de dentelures latérales ou d'échancrures symétriques ne peuvent constituer des caractères génériques suffisants, il a été zoologiquement impossible de les séparer des *Ammonites*. Ainsi nous considérerons toutes les divisions en *Goniatites*, *Ceratites* et *Ammonites* proprement dites, tentées par divers savants, comme des coupes artificielles propres seulement à servir à la classification méthodique de ce genre si nombreux en espèces.

Les beaux travaux de M. Owen sur l'anatomie de l'animal du *Nautilus Pompilius* et ce qu'on connaît sur celui de la *Spirula Peronii* prouvent d'une manière à peu près certaine, ainsi que l'avait avancé Bourguet, que l'animal de l'Ammonite était renfermé en tout ou en partie dans la dernière loge de la coquille, qui est toujours plus grande que les autres; qu'il y était attaché par un cordon musculo-cutané sortant de la terminaison supérieure de son dos et s'attachant surtout à la périphérie du siphon de la première cloison, en se prolongeant dans le reste du canal; qu'il était contenu dans une enveloppe musculo-cutanée ou manteau libre et épaissi sur les bords en avant, d'où l'on peut inférer que rien de la coquille n'était intérieur, comme l'avait cru Cuvier, et qu'alors elle était retenue par des muscles comme dans les Nautiles (1). Il est plus difficile de donner quelque chose de positif sur la partie céphalique, le nombre, la forme des tentacules dont la tête était garnie; mais il est infiniment probable que l'Ammonite, comme le Nautile, nageait en arrière, mais non au moyen de bras étendus et de tentacules qui étaient resserrés autour de la bouche dans les moments de repos, et qui devaient se projeter en avant, lorsque l'animal était en mouvement. comme les rayons de l'anémone de mer, ainsi que le pensent MM. Owen et Buckland.

Il est dès lors difficile de concevoir comment avec une organisation ainsi distribuée et qui est décelée par le mécanisme et la construction de la coquille, les Ammonites auraient été munies d'opercules, lorsque surtout nous voyons les Nautiles avec lesquels elles ont tant d'analogie, dépourvus de cet appareil, qui, disons-le, n'aurait pu leur être d'aucune utilité. Si ces céphalopodes ont été véritablement operculés, il est étonnant que le nombre de leurs espèces connues s'élève à plus de 400, tandis que celui des *Aptychus* ne dépasse pas 30; à moins qu'on ne veuille admettre

(1) *Voyez* pour plus de détails l'excellent article, dans le supplément du *Dictionnaire d'histoire naturelle*, ayant pour titre : *Prodrome d'une monographie des Ammonites.*

4

que la même forme fût commune à plusieurs espèces, ou que la fossilisation n'ait pas conservé toutes les variétés qui existaient alors; mais, outre que cette première supposition est opposée à ce que nous enseigne la subordination des caractères, il y aurait encore à expliquer l'abondance des *Aptychus* dans certaines couches à ammonites et leur absence complète dans d'autres : ainsi jusqu'à présent on ne les a jamais rencontrés au-dessous du lias, bien cependant que les terrains du trias, dévonien et silurien contiennent une grande quantité de *Cératites* et de *Goniatites* dont les différences spécifiques ne s'écartent pas essentiellement du type commun et servent tout au plus à établir des subdivisions méthodiques, comme nous l'avons déjà fait remarquer. Faudra-t-il avouer avec M. Voltz, pour se tirer d'embarras, qu'il n'est pas certain que toutes les Ammonites aient été operculées, ou que l'opercule pouvait se perdre assez facilement? En supposant même que l'opercule ait pu se détacher pendant la vie de l'animal, il paraîtrait étonnant que de pareilles pièces n'aient jamais été conservées dans les terrains stratifiés inférieurs, ainsi que dans les grès verts et les étages crétacés qui lui sont supérieurs et où foisonnent les *Ammonites Mantelii, Rothomagensis,* etc. On ne pourrait guère expliquer d'une manière satisfaisante comment dans les terrains néocomiens de la Provence, on rencontre souvent des milliers d'Ammonites sans *Aptychus* ou des milliers d'*Aptychus* sans Ammonites. Il est vrai que M. Voltz prévient cette objection en annonçant que les opercules paraissent être des tests qui, selon les espèces, pouvaient se prêter ou non à la fossilisation, et que suivant que la couche qui renferme des Ammonites s'était déposée promptement et avant la putréfaction de l'animal ou lentement et après que le même animal s'était putrifié avant d'être enseveli dans le dépôt calcaire, les *Aptychus* avaient dû rester dans les couches, ou bien dans l'autre cas, au fond de la mer. C'est ainsi, d'après le même savant, que certaines couches peuvent être riches en opercules d'Ammonites et ne renfermer aucune Ammonite et réciproquement.

Comme on le voit, la supposition que les *Aptychus* étaient des opercules ne repose réellement que sur leur présence accidentelle dans la chambre antérieure des Ammonites, et rien d'essentiel, rien d'anatomique ne vient justifier cette présomption. Il y a plus, M. Hermann de Meyer a cité deux espèces d'*Aptychus* trouvées dans la même espèce d'Ammonite, et les belles collections de M. le comte de Münster offrent cela de singulier que la même espèce d'*Aptychus* se trouve indistinctement dans diverses Ammonites, et que diverses sortes d'Ammonites renferment les mêmes espèces d'*Aptychus*. Ce fait, qui s'est reproduit plusieurs fois, détruit complétement les inductions de M. Voltz, et par conséquent toute idée d'attribuer des opercules aux Ammonites. Il serait fort surprenant aussi que, lorsqu'on rencontre dans certaines couches des Ammonites gigantesques qui ont plus de 4 mètres de circonférence, on ne trouvât jamais des *Aptychus* ou des fragments d'*Aptychus* assez grands pour en fermer l'ouverture. Les plus considérables, que cite M. Voltz, proviennent du lias de Doll, et ont une longueur de 9 centimètres sur une largeur de 33 millimètres. Nous soutenons donc qu'il n'existe aucun rapport entre la taille et le nombre des *Aptychus* et la forme générale des Ammonites. Ainsi, dans les terrains néocomiens des Basses-Alpes, qui ont déjà fourni plus de cinquante espèces d'Ammonites, nous n'avons jamais recueilli que trois espèces d'*Aptychus*, et sans proportion avec les dimensions et le développement que prennent ces céphalopodes dans les mêmes couches. M. Voltz, pour amener ce rapprochement, se fonde principalement sur la ressemblance des deux lobes avec la section transversale de la première loge des Ammonites; or, l'on sait que l'ouverture de cette loge présente une configuration très différente, suivant la forme du cone spiral, son degré d'enroulement et les proportions de ses diamètres. Les *Aptychus* peuvent-ils satisfaire à toutes ces exigences de formes ? Mais la section transversale de la dernière cloison est loin de traduire la configuration de l'ouverture de la coquille; car lorsque dans celle-ci la bouche est complète, ainsi qu'on l'observe dans quelques espèces qui proviennent de la grande oolite de la Normandie, le bord se termine par des appendices en forme d'oreillettes, ou par un double bourrelet séparé par un profond sillon au-devant duquel s'abaisse une espèce de lèvre inclinée qui modifie singulièrement la coupe transversale du corps de cône spiral prise dans la partie la plus épaisse ; et nous avouons que dans ce cas il est impossible de comprendre et de démontrer comment les Aptychus ont pu s'adapter à une bouche ainsi conformée. On se convainc facilement de cette impossibilité quand on examine une série un peu complète d'Ammonites, et surtout la division qui comprend les Ammonites globuleuses à dos très large dont les *Ammonites Gervilii* et *Brongnarti* peuvent être considérées comme le type (fig. 6 et 7). En résumé donc, la structure des Ammonites, la forme et la distribution géologique des *Aptychus* s'opposent à ce qu'on puisse considérer ces derniers comme des opercules de céphalopodes.

Qu'est-ce donc qu'un *Aptychus*? Les auteurs ont varié beaucoup sur les fonctions de ce fossile et sur la place à lui donner
dans la série zoologique.

Scheuchzer et Knorr le décrivirent sous le nom de *Concha fos-
silis tellinoides porosa levis* et le prirent pour des valves du *Lepas
anatifera* ou mieux l'*Anatifa levis*. Cette opinion paraît avoir été
adoptée par quelques géologues qui considèrent encore aujour-
d'hui les *Aptychus* comme des fragments ou des pièces de cirri-
pèdes ayant appartenu à un genre voisin des Balanes; il est fâ-
cheux qu'ils ne se donnent pas la peine de dire seulement ce
qu'est devenu le reste de la coquille.

Bourdet de la Nièvre (*Notices sur les fossiles inconnus*, in-4°,
Paris, 1822) les regardait comme des mâchoires de poissons et les
nommait *Ichthyosagones*. Tel était aussi le sentiment d'un cou-
chyliologiste de renom, M. G. B. Sowerby, qui, en parcourant
la collection de M. Eudes Deslongchamps, n'hésitait pas à voir
dans les *Aptychus* des plaques palatines de poissons.

Schlottheim en faisait des *Tellinites* et les classait dans les *Con-
chifères*. Il paraît que le traducteur du Manuel de Géologie de de
La Bèche les plaçait aussi dans la même tribu; mais il devait les
considérer comme ayant appartenu à la famille des *Brachiopodes*,
à en juger par la place qu'il leur donne dans la liste des fossiles
du groupe oolitique.

Parkinson (*Organics remains*) les a figurés et décrits sous le nom
de *Trigonellites*. M. Hermann de Meyer (*Act. Acad. Leop. Carol.
nat.*, t. XV.), dans son travail sur les *Aptychus* a très bien compris, d'après leur structure, qu'on ne pouvait pas en faire des
bivalves; aussi les considère-t-il comme des coquilles intérieures de
mollusques.

M. Eudes Deslongchamps, dans le 5ᵉ volume des *Mémoires
de la Société linnéenne de Normandie*, a donné la description
de quelques espèces d'*Aptychus* qu'il désigne par le nom générique
de *Munsteria*, et qu'il range provisoirement dans la famille des
*Solénoides* de Lamark, en leur donnant la caractéristique sui-
vante :

« *Testa bivalvis, æquivalvis, valdè inequilateralis, posticè et an-
» ticè hians; valvæ trigonæ; umbones parvi, marginales, planè an-
» tici; margo superior rectus ligamentum elongatum ferens : cardo
» linearis edentulus.* »

On voit que M. Deslongchamps admettait à tort une charnière
linéaire sans dents, et qu'il faisait des *Aptychus* des coquilles for-
tement bâillantes en avant et en arrière; mais l'existence des

valves est tout-à-fait imaginaire ; car il arrive souvent que, par suite de la pression, l'arète du faîte médian, qui est la partie la moins résistante, s'est déchirée dans le sens de sa longueur, et que les deux lobes, ainsi divisés, prennent l'apparence de deux valves symétriques. En outre, comme l'observe judicieusement M. Voltz, et cette remarque n'avait pas échappé à M. Deslong-champs lui-même, la lame cornée ou l'épiderme existe dans l'intérieur des valves et le dépôt calcaire à l'extérieur, ce qui n'a jamais lieu dans les bivalves, où l'épiderme et le test sont dans une position inverse. Il est donc impossible de considérer les Aptychus comme des coquilles bivalves externes, d'autant plus qu'on n'y aperçoit jamais d'impressions musculaires.

D'autres naturalistes, pour expliquer la présence des Aptychus dans les cloisons des Ammonites, ont supposé que celles-ci en faisaient leur nourriture ; mais cette opinion est contrariée par l'organisation présumée de l'animal de l'Ammonite, qui, comme le Nautile, devait être armé à chaque mandibule d'un tranchant calcaire dur et denté dont les fonctions étaient d'écraser les coquilles et les crustacés dont il faisait sa nourriture. Comment se rendre compte alors de l'intégrité des *Aptychus* que l'on suppose avoir été ainsi avalés par les Ammonites ? L'opinion contraire, qui voudrait y voir des parasites ou des êtres qui dévoraient les Ammonites, n'offrant rien de plus réel, puisqu'aucun fait ne la justifie, ne mérite pas d'être discutée. Enfin, M. Deshayes (troisième volume des *Mémoires de la Société géologique de France*, p. 31) s'exprime en ces termes : « Il me paraît hors de doute que les » *Aptychus* sont des parties intérieures de l'animal des Ammonites, » mais il est certain pour moi que ce n'est point un opercule. » Sans se prononcer sur les fonctions que ce fossile pouvait remplir, ce conchyliologiste dit qu'il attend du temps et des observations les éléments nécessaires pour savoir enfin ce qu'étaient les *Aptychus* dans l'animal des Ammonites.

Il nous reste donc à assigner leur véritable place à ces singuliers fossiles, qui ont été de la part des naturalistes qui s'en sont occupé l'objet de tant de controverses. Il nous semble que M. Deslonchamps a jeté un grand jour sur cette question dans le Mémoire qu'il a publié sur les *Teudopsis*, animaux voisins des Calmars, à la suite de son travail sur les *Munsteria*, et avec lesquels nous ne balançons pas de ranger les *Aptychus*. Le seul reproche que l'on puisse adresser à ce savant observateur, c'est de n'avoir *pas assez bien* compris les rapports qui liaient les *Aptychus* à ses *Teudopsis*, et de les en avoir éloignés en en faisant des coquilles bivalves acéphales. Nous disons *pas assez bien*, car, dans la page 64, il émet des doutes sur la valeur des caractères qu'il a cru leur reconnaître, et il se demande s'il ne conviendrait pas mieux de les rapprocher des fossiles qu'il a décrits plus tard sous le nom de *Teudopsis*.

Le genre *Teudopsis* (fig. 5) de M. Deslongchamps est caractérisé ainsi qu'il suit : « Animal inconnu... coquille fossile, d'aspect » corné, mince, allongée, plane ou légèrement concave en arrière » et en dessous, ayant dans son milieu un pli longitudinal parfois » fendu à ses deux extrémités, accompagnée ordinairement d'une » bourse ou sac rempli d'une matière noirâtre presque pulvérulente. » Cette caractéristique pourrait s'appliquer presque en entier à l'*Aptychus elasma*, dont la coquille est aussi cornée, mince, allongée, plane ou légèrement concave; il n'y aurait que l'absence du sac d'encre et de la fente du pli longitudinal qui pourrait l'en distinguer; mais dans le *Teudopsis Bunelii* (fig. 5), qui est la pièce la plus complète que M. Deslonchamps ait recueillie, le pli médian est très prononcé, et l'écartement qu'il présente à ses deux extrémités provient évidemment de la pression subie par le fossile, lorsqu'il a été enfoui dans la roche. Cette vérité est attestée par la forme des autres *Teudopsis* figurés à la suite, et dans lesquels le pli médian n'offre aucune solution de continuité, mais forme au contraire une saillie comme le faîte dans certains *Aptychus*, sans que dans les uns et les autres on puisse apercevoir la moindre trace de charnière même linéaire. La conservation du sac à encre dans le *Teudopsis Bunelii* est un des faits les plus importants de la zoologie paléontologique, et des plus curieux en même temps, puisqu'elle nous dévoile l'organisation de ces fossiles enfouis depuis des milliers d'années dans les entrailles de la terre. On conçoit que de pareilles découvertes doivent être très rares, et que cet appareil ait disparu dans le plus grand nombre de cas. En effet, il a fallu le concours de mille circonstances favorables, à l'époque de la fossilisation, pour qu'il n'ait pas été anéanti : il en a été de même pour le genre *Bélemnites* et *Belemnosepia*, chez lesquels la conservation du sac à encre est une rareté et atteste dans la cause qui les a privés de la vie une action prompte et énergique; car ces réservoirs membraneux se fussent rapidement décomposés et l'encre qu'il contenait se fût répandue, s'ils étaient restés exposés quelque temps à l'action des vagues et des agents extérieurs. Ainsi, en supposant, ce qui ne nous paraît pas douteux, que les *Aptychus* aient été munis d'un sac à encre comme les *Teudopsis* et les *Loligos*, il n'y a rien d'étonnant que cette matière colorante ait disparu le plus souvent, et que la partie calcaire solide ait seule été conservée, comme on l'observe dans les Bélemnites à gaîne cornée des terrains lithographiques de Solenhofen. A présent, si nous comparons le *Teudopsis Bunelii* à l'osselet intérieur du *Loligos vulgaris*, nous verrons que ces deux appareils sont composés de nombreuses lames minces d'une substance qui ressemble à de la corne et qui se recouvrent mutuellement. La surface convexe qu'elles forment, et que l'on peut comparer à une flèche élargie, est divisée en deux parties égales et symétriques par un axe ou ligne droite; elles protégeaient l'une et l'autre une poche qui renfermait un sac à encre : donc l'identité est complète, et la séparation en deux genres distincts ne pourrait être motivée que d'après des dissemblances de forme, mais de peu de valeur.

L'*Aptychus elasma* a, avec le *Teudopsis Bunelii*, les mêmes rapports que celui-ci nous a montrés avec l'osselet du *Loligo vulgaris* : même lame cornée à stries d'accroissement, même axe médian, la divisant en deux parties égales; seulement la partie antérieure des *Aptychus* est plus échancrée que dans les *Teudopsis*, et devait donner aux Céphalopodes auxquels ils appartenaient une forme plus raccourcie. Si la ressemblance des *Aptychus cornei* avec les *Teudopsis* est frappante, la famille des *Imbricati* et des *Cellulosi* présente une différence de structure qui, au premier coup d'œil, tendrait à les en écarter beaucoup. En effet, dans les *Imbricati* et les *Cellulosi*, on aperçoit sur chaque lobe une couche calcaire imbriquée ou spongieuse, qu'on rechercherait en vain dans les *Cornei*, les *Teudopsis* et les *Loligos*, ce qui, à cause de cette complication, les rapprocherait un peu de la structure des os de Seiches, dont les diverses parties sont formées de substances cornées et de substances calcaires disposées d'une autre manière. Cette circonstance prouve que les débris qui nous restent des *Aptychus* devaient être, comme l'os de Seiche, situés dans l'épaisseur de la peau du dos d'un mollusque céphalopode mou, et qu'ils devaient être en contact de toutes parts, sans adhérence, avec des tissus vivants, mais dont la nature devait être diverse, car chaque région de ces tissus déposait sur la coquille des matières qui prennent un aspect et un arrangement différents. Bien que le mécanisme de la construction de l'os du *Loligo* s'écarte de celui de la *Sepia officinalis*, on sait cependant que ces deux genres sont très voisins l'un de l'autre : les *Aptychus* semblent être le genre intermédiaire qui établisse le passage zoologique entre eux. En effet, leurs coquilles s'éloignent un peu de la composition simple des os des Loligos, sans présenter encore toute la complication de l'os de la Seiche ; elles ont de plus de commun avec les espèces vivantes, à peu près la même forme symétrique, la lame cornée avec stries d'accroissement et un dépôt calcaire indépendant de cette lame cornée ; de même aussi, dans les *Belemnosepia* trouvés à Lyme-Regis, les lames cornées sont alternativement formées par des fibres longitudinales et par des fibres transversales.

En réunissant donc les *Aptychus* des auteurs, et les *Munsteria* aux *Teudopsis* de M. Deslonchamps, nous admettons que ces coquilles appartenaient à une famille éteinte de céphalopodes entièrement mous et pourvus d'un osselet intérieur dont l'organisation nous est dévoilée : 1° par le sac d'encre ; 2° par le mode d'accroissement des tests calcaires et cornés ; 3° par l'absence complète de traces d'impressions musculaires.

Si nos conclusions sont légitimes, nous pouvons avancer avec vraisemblance qu'il a existé autrefois, et contemporairement avec des Céphalopodes à coquilles cloisonnées, des Céphalopodes mous voisins de la famille des Seiches et des Loligos, coexistence qui se continue encore dans l'époque actuelle. Alors l'association des débris d'*Aptychus* avec des *Ammonites* et des *Bélemnites* n'offrira plus rien de surprenant, parce qu'il est probable que ces divers animaux pélagiens et carnassiers avaient les mêmes mœurs et fréquentaient les mêmes parages.

---

### ESPÈCES NOUVELLES.

#### *Aptychus Blainvillei* (Nobis), fig. 8 et 9.

*Testa solida, oblongo-trigona, suprà convexa, cellulis numerosissimis seriatim cribrata ; infrà concava ; culmine medio lineari profundo.*

Longueur 6 centimètres ; largeur 38 millimètres Cette espèce remarquable, qui appartient à la famille des *Cellulosi*, ne ressemble à aucun *Aptychus* décrit. Bien qu'elle se trouve engagée en partie dans une gangue calcaire, il est néanmoins facile d'en étudier les principaux caractères à cause d'une saillie bien dégagée qu'elle présente à la surface et d'une cassure qui permet d'étudier la structure intérieure.

Lobes triangulaires arrondis dans leurs contours extérieurs, très convexes en dessus, disposés symétriquement et dans leur position naturelle le long du faîte médian disposé en une espèce de gouttière formée par l'inflexion que décrit de part et d'autre une arête saillante. La surface extérieure, en partie usée par le frottement, montre très bien la structure intérieure du test, et est criblée d'une quantité innombrable de petites cellules très serrées qui lui donnent l'apparence d'un madrépore à pores très fins et très rapprochés. Les parties dénudées laissent apercevoir facilement au-dessous des cellules les stries concentriques de l'accroissement intérieur. Cette disposition est à peu près la même que celle que présente le tissu spongieux d'un os de Seiche exposé à une dégradation prolongée. La fig. 9, qui représente une coupe transversale, indique que le test, qui est fort épais, est composé de plusieurs lames calcaires minces qui se recouvrent mutuellement.

L'espèce de lunule que l'on observe à la partie antérieure provient évidemment d'une usure accidentelle qui a fait disparaître une portion du test.

Cet *Aptychus*, que nous avons dédié à M. de Blainville, qui a bien voulu honorer de ses bienveillants encouragements l'auteur de ce travail, a été trouvé à Vérignon (Var) dans la partie inférieure des terrains néocomiens, associé à l'*Ammonites cryptoceras*, la *Belemnites subfusiformis* et d'autres fossiles particuliers à cet étage.

### *Aptychus Beaumontii* (Nobis), fig. 12.

*Testa solida, cordiformis, subcompressa; suprà convexiuscula, cellulis numerosissimis cribrata; inferiùs subconcava, striis concentricis exarata.*

Longueur 8 centim.—Largeur 46 millim. Cet *Aptychus*, qui par la taille dépasse les beaux *A. latus* de Solenhofen, s'en écarte aussi par sa forme plus allongée et par la quantité innombrable de petites cellules dont la partie supérieure du test est criblée. Celles-ci pénètrent toutes perpendiculairement dans la profondeur du test qui est fort épais. La surface inférieure, d'abord lisse dans les régions qui avoisinent l'arête médiane, se charge sensiblement de stries très fines d'accroissement qui deviennent plus profondes et plus espacées vers les bords, où elles constituent des sillons concentriques.

Nous avons recueilli cette espèce, à laquelle nous avons donné le nom du savant qui a répandu tant de lumières sur la géologie des Alpes, à la montée de Vergons (Basses-Alpes), dans les calcaires blanchâtres supérieurs aux argiles oxfordiennes, et que M. de Beaumont considère comme l'équivalent du coral-rag.

*Aptychus radians* ( Nobis ), fig. 11 et 11 *bis*.

*Testa lævis , oblongo-trigona , suprà convexiuscula , longitudinaliter lineato-punctata , lineis transversis apice decurrentibus ornata , inferiùs subconcava.*

Longueur 20 millimètres. Largeur 10 millimètres. Lobes triangulaires, convexes en-dessus, terminés à leur partie extérieure par un rebord qui l'entoure comme d'un ourlet, ornés de 25 à 30 lignes longitudinales parallèles peu dessinées, mais plutôt indiquées par des rangées de petits points enfoncés, disposés régulièrement en série. Ces lignes longitudinales sont divisées de distance en distance en petites trapèzes par des lignes peu prononcées qui partent du sommet et radient vers la circonférence en embrassant dans leur écartement des surfaces triangulaires très allongées.

L'*Aptychus radians* se rapproche un peu par ses ponctuations de l'*Aptychus punctatus* de M. Voltz ; mais ce dernier, d'une taille deux fois plus considérable, est aussi moins convexe ; de plus ses lignes ponctuées sont tracées plus profondément et se transforment vers le bord extérieur en véritables lamelles.

Nous avons recueilli cette élégante espèce dans la partie inférieure des terrains néocomiens de Lioux et de Blioux ( Basses-Alpes ).

*Aptychus Didayi* ( Nobis ), fig. 10.

*Testa subcordiformis ; suprà convexa, sulcis profundè imbricatis et prope culmen medium inflexis exarata.*

Longueur 30 millimètres. Largeur 18 millimètres. Lobes subtriangulaires, arrondis à leur extrémité, convexes en-dessus : surface rugueuse, ondulée, creusée profondément par 18 à 20 sillons aigus, tranchants et onduleux, qui d'abord parallèles au bord extérieur, s'infléchissent vers l'arête médiane en marquant une dépression occupée par des plis anguleux en forme de chevrons.

J'ai dédié cette espèce à mon excellent ami, M. Diday, ingénieur des mines avec qui j'ai fait beaucoup de courses utiles dans la Provence, et qui a bien voulu m'aider de la manière la plus obligeante dans mes travaux d'analyse.

Elle appartient à la famille des *Imbricati*, et se trouve avec l'*A. radians* dans le terrain néocomien inférieur à Lioux, Chardavon, Vergons ( Basses-Alpes ), à Orpierre ( Hautes-Alpes ) et à Gréolières ( Var ).

*Aptychus Seranonis* (Nobis), fig. 13.

*Testa oblongo-trigona, suprà convexiuscula, lineis tenuibus circumdata.*

Longueur 10 millimètres. — Largeur 5 millim., lobes triangulaires, allongés, un peu moins convexes que dans l'espèce précédente, étroits ; la surface est un peu bosselée, et forme à partir du sommet une arête arrondie, très obtuse, qui traverse les lobes obliquement ; elle est couverte de sillons transverses, placés de la même manière que dans les bivalves, très serrés et s'infléchissant légèrement vers l'arête formée par le bosselement des lobes.

J'ai donné à cette espèce, qui se trouve dans les mêmes localités que la précédente, le nom de mon ami, M. Jules de Séranon, qui s'occupe avec intelligence de géologie, et à l'obligeance duquel ma collection est redevable de fossiles rares et précieux des terrains crétacés des Basses-Alpes.

---

*Catalogue des* Aptychus *connus et décrits* (1).

Famille des CORNEI.

1. *Aptychus elasma* (H. de Meyer). Lias, Boll.
2. *A. prælongus* (Voltz). (*Munsteria prælonga*, Deslongchamps). Jur. inf. Caen.
3. *A. Cuneatus* (Voltz). (*M. cuneata*, Deslongchamps). Jur. inf. Amayi-sur-Orne.
4. *A. Striatolævis* (Voltz). Lias sup., Boll.
5. *A. rugulosus* (Voltz). Lias sup, Boll.

Famille des IMBRICATI.

6. *A. depressus* (Voltz). (*A. imbricatus depressus*, H. de Meyer).Jur.,Solenhofen.
7. *A. profundus* (Voltz). (*A. imbricatus profundus*, H. de Meyer).Jur.,Solenhofen.

8. *A. Meyeri* (Voltz). Jur., Solenhofen.
9. *A. elongatus* (Voltz). Jur., Solenhofen.
10. *A. lamellosus* Voltz). (*Munsteria lamellosa*, Deslongchamps). Jur. inf., Amayi-sur-Orne.
11. *A. Grasii* (Voltz). Sans description ni désignation de terrain.
12. *A. provençalis* (Voltz).
13. *A. bullatus* (H. de Meyer . Lias sup., Banz.
14. *A. punctatus* (Voltz). Lairing, Tyrol.
15. *A. elegans* (Voltz). Solenhofen.
16. *A. Latifrons* (Voltz). Lias sup., Boll.
17. *A. speciosus* (Voltz). Lias sup., Boll.

---

(1) On ne peut guère considérer comme dénommées irrévocablement que les espèces décrites et figurées par M. Hermann de Meyer, M. Deslongchamps et nous à la suite de notre travail. M. Voltz s'est contenté de donner sur celles qu'il a établies des désignations trop vagues pour qu'on puisse les distinguer.

18. *A. Didayi* (Coquand).
Ter. néocomien inférieur des Basses-Alpes.
19. *A. Scranonis* (Coquand).
Ter. néocomien des Basses-Alpes.
20. *A. Theodosia* (Deshayes).
Ter. jur., Crimée.
21. *A. Radians* (Coquand).
Ter. néocomien des B.-Alpes.

Famille des CELLULOSI.

22. *A. latus* (Voltz).
(*A. lœvis latus*, H. de Meyer).
Jur., Solenhofen.
23. *A. latissimus* (Voltz).
Jur., Solenhofen.
24. *A. subtetragonus* (Voltz).
Jur., Solenhofen.
25. *A. longus* (Voltz).
(*A. lœvis longus*, H. de Meyer).
Sans désignation de terrain.

26. *A. costatus* (Voltz).
Jur., Portlandien. Beiningen.
27. *A. heteropora* (Voltz).
Oxford-clay, Mont-Terrible.
28. *A. Thurmanni* (Voltz).
Oxford-clay, Mont-Terrible
29. *A. Zietini* (Voltz).
Calc. oxford, Albe de Wurtemberg.
30. *A. Blainvillei* (Coquand).
Néocom. inf., Vérignou (Var).
31. *A. Beaumontii* (Coquand).
Jur. corallien, Vergons (B.-Alpes).

Espèces douteuses.

32. *A.* ( *Trigonellites* ) *Antiquatus* (Phillips).
Ool. corall.
33. *A.* (*Trigonellites*) *politus* (Phill.).
Oxford-clay.

NOTA. On voit d'après cette énumération qu'avant notre travail aucune espèce d'*Aptychus* n'avait été mentionnée dans les terrains crétacés.

*Permis d'imprimer,*

*Vu et approuvé,*

L'INSPECTEUR GÉNÉRAL DES ÉTUDES,
chargé de l'administration de l'Académie de Paris,
**ROUSSELLES.**

LE DOYEN DE LA FACULTÉ,

J. B. BIOT.

## PROPOSITIONS.

—

1. La distribution des végétaux fossiles confirme les conclusions tirées des faits astronomiques, que le globe terrestre a joui dans les temps anciens d'une température élevée qui a été s'affaiblissant à mesure qu'on se rapproche de la période actuelle.

2. Dans les terrains stratifiés inférieurs, la forme des végétaux appartenant à des familles éteintes ou encore existantes d'*endogènes* et d'*exogènes* indique un climat plus brûlant que celui des tropiques : preuves tirées de la comparaison des *Équisetacés* vivants et fossiles, des *Fougères*, des *Lépidodendron*, des *Sigillaires*.

3. La distribution uniforme de ces végétaux dans tous les bassins houillers connus, sous toutes les latitudes ( Nouvelle Hollande, Spitzberg, Europe, Asie, Amérique), indique que la chaleur centrale contrebalançait l'influence contraire des pôles.

4. Dans les terrains secondaires, la forme des végétaux s'écarte de la flore des terrains silurien et houiller, et se rapproche davantage des formes végétales existantes : preuves tirées des Conifères ( *Woltzia* du grès bigarré, *Araucaria* dans le lias ), des *Cycas*, des *Zamia* dans les étages jurassiques.

5. La distribution de ces végétaux ainsi que leurs caractères indiquent un affaiblissement dans l'influence de la chaleur centrale, et un climat dont la température était à peu près la même que celle qui règne actuellement sous les tropiques.

6. Dans les terrains tertiaires, les plantes dicotylédones dominent et la flore se rapproche beaucoup de celle des climats tempérés : preuves tirées des genres *Tilia*, *Ulmus*, *Acer*, *Populus* (Dépôt d'Œningen ), des palmiers flabelliformes.

7. La distribution actuelle des végétaux est assujettie à la seule influence de l'action solaire, la température intérieure du globe n'influant plus d'une manière sensible sur les circonstances extérieures : résultat confirmé par les expériences géodésiques, qui prouvent que la chaleur primitive se fait à peine sentir à la surface de la terre pendant la période actuelle.

—

## EXPLICATION DE LA PLANCHE.

—

Fig. 1. *Aptychus imbricatus* avec son test.
— 2.   *Id.*    *id.*   dépouillé d'une partie de son test et montrant l'empreinte laissée par la pièce cornée.
— 3. *A. lœvis.*
— 4. *A. elasma.*
— 5. *Teudopsis Bunelii.*
— 6. *Ammonites Brongnarti* (Sow.), avec sa bouche.
— 7. La même vue en face.
— 8. *Aptychus Blainvillei.*
— 9.   *Id.*   coupe transversale.
— 10. *A. Didayi.*
— 11 et 11 *bis. A. radians.*
— 12. *A. Beaumontii.*
— 13. *A. Seranonis.*

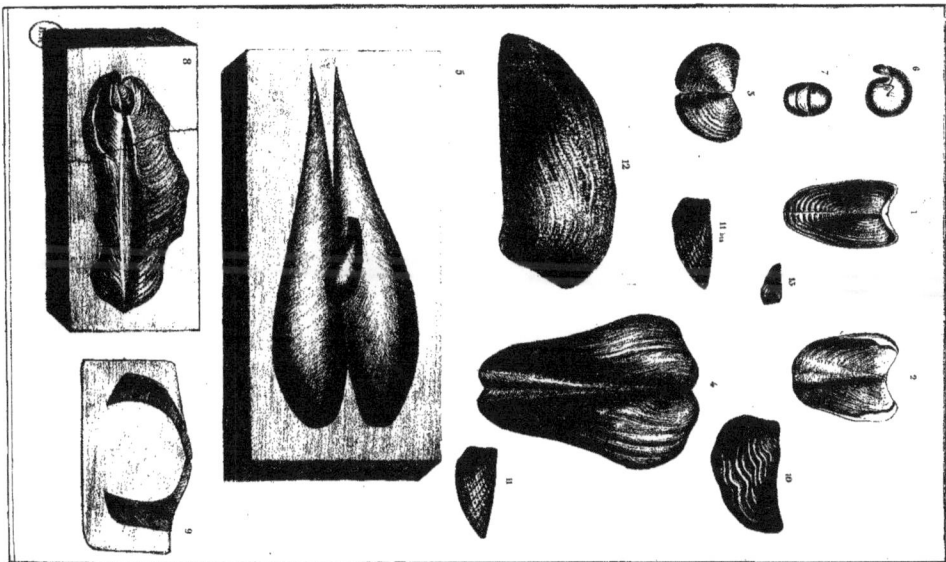

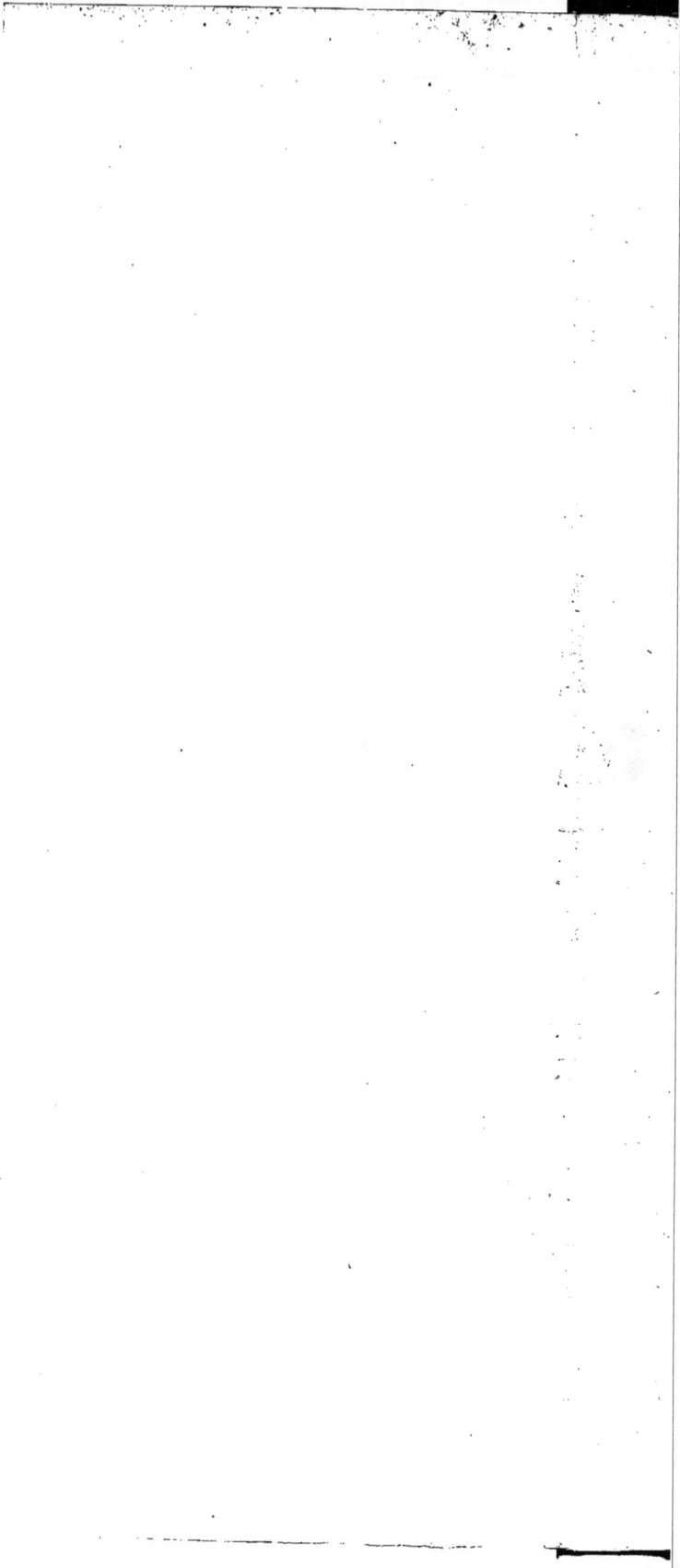

www.ingramcontent.com/pod-product-compliance
Lightning Source LLC
Chambersburg PA
CBHW070904210326
41521CB00010B/2049